高职高专院校咖啡师专业系列教材编写委员会

主任兼主审：

张岳恒　广东创新科技职业学院院长、管理学博士，二级教授，博士研究生导师，1993 年起享受国务院特殊津贴专家

副主任兼主编：

李灿佳　广东创新科技职业学院副院长、广东省咖啡行业协会筹备组长，曾任硕士研究生导师、省督学

委　员：

谭宏业　广东创新科技职业学院经管系主任、教授

丘学鑫　香港福标精品咖啡学院院长、东莞市金卡比食品贸易有限公司董事长、国家职业咖啡师考评员、职业咖啡师专家组成员、SCAA 咖啡品质鉴定师、金杯大师、烘焙大师

吴永惠　（中国台湾）国家职业咖啡讲师、考评员，国际咖啡师实训指导导师，粤港澳拉花比赛评委，国际 WBC 广州赛区评委，IIAC 意大利咖啡品鉴师，国际 SCAA 烘焙大师，国际 SCAA IDP 讲师，东莞市咖啡师职业技能大赛评委。从事咖啡事业 30 年，广州可卡咖啡食品公司总经理

邓艺明　深圳市九号咖啡餐饮管理有限公司总经理、广东东莞九号学院实业投资有限公司董事长、省咖啡师大赛评委、省咖啡师考评员、高级咖啡师

李伟慰　广东创新科技职业学院客座讲师、硕士研究生、广州市旅游商务职业学校旅游管理系教师、省咖啡师大赛评委、世界咖啡师大赛评委

李建忠　广东创新科技职业学院经管系教师、高级咖啡师、省咖啡师考评员、东莞市咖啡师技术能手

周妙贤　广东创新科技职业学院经管系教师、高级咖啡师、2014 年广东省咖啡师比赛一等奖获得者、广东省咖啡师技术能手、省咖啡师考评员

张海波　广东创新科技职业学院经管系讲师、硕士研究生、高级咖啡师、省咖啡师考评员

逯　铮　广东创新科技职业学院经管系讲师、硕士研究生、高级咖啡师、省咖啡师考评员

高职高专院校咖啡师专业系列教材

Coffee Basics
咖啡基础

张海波　逯　铮　编著

暨南大学出版社
JINAN UNIVERSITY PRESS

中国·广州

图书在版编目（CIP）数据

咖啡基础/张海波，逯铮编著．—广州：暨南大学出版社，2015.8（2023.2重印）

（高职高专院校咖啡师专业系列教材）

ISBN 978 – 7 – 5668 – 1493 – 7

Ⅰ．①咖⋯　　Ⅱ．①张⋯②逯⋯　　Ⅲ．①咖啡—基本知识　　Ⅳ．①TS273

中国版本图书馆 CIP 数据核字（2015）第 142489 号

咖啡基础

KAFEI JICHU

编著者：张海波　　逯　铮

出　版　人：张晋升

责任编辑：潘雅琴　　范小娜

责任校对：胡　芸　　周优绚

责任印制：周一丹　　郑玉婷

出版发行：暨南大学出版社（511443）

电　　话：总编室（8620）37332601

　　　　　营销部（8620）37332680　37332681　37332682　37332683

传　　真：（8620）37332660（办公室）　　37332684（营销部）

网　　址：http：//www.jnupress.com

排　　版：广州良弓广告有限公司

印　　刷：深圳市新联美术印刷有限公司

开　　本：787mm×960mm　1/16

印　　张：8.875

字　　数：168 千

版　　次：2015 年 8 月第 1 版

印　　次：2023 年 2 月第 4 次

印　　数：6501—7500 册

定　　价：45.00 元

（暨大版图书如有印装质量问题，请与出版社总编室联系调换）

总　序

改革开放以来，中国咖啡业进入了一个快速发展时期，成为中国经济发展的一个新的增长点。

今日的咖啡已经成为地球上仅次于石油的第二大交易品。咖啡在世界上的每一个角落都得到普及。中国咖啡业伴随着国内对世界的开放、经济的繁荣，得到迅速发展。星巴克（Starbucks）、咖世家（Costa）、麦咖啡（McCafe）、咖啡陪你（Caffebene）等众多世界连锁咖啡企业纷纷进驻中国的各大城市，已成为人们生活中必不可少的部分，咖啡文化愈演愈浓。

近十年来，咖啡行业在广东也得到迅猛的发展。广州咖啡馆的数量从最初的几十家发展到现在的一千多家，且还有上升的势头；具有一定规模的咖啡培训机构有数十家；咖啡供应商比比皆是。民间组织每年还不定期举办各类的咖啡讲座、展览会或技能比赛。享有"咖啡奥林匹克"美誉的世界百瑞斯塔（咖啡师）比赛（World Barista Championship，简称 WBC）选择广州、东莞、深圳作为选拔赛区，旨在引领咖啡界的时尚潮流，推广咖啡文化，为专业咖啡师提供表演和竞技的舞台。

随着咖啡馆的不断增多，作为咖啡馆灵魂人物的"专业咖啡师"也日渐紧俏。咖啡馆、酒吧的老板们对高级专业咖啡师求贤若渴。但从市场的需求来看，咖啡师又处于紧缺的状态。据中国咖啡协会的资料显示，上海、广州、北京、成都等大中城市的咖啡师每年缺口约 2 万人。

顺应社会经济发展的需求，努力培养咖啡行业紧缺的咖啡师人才，是摆在高职高专院校面前的重要任务。广东创新科技职业学院精心组织了著名的教育界专家、优秀的咖啡专业教师、资深的咖啡行业专家一起编写了这套"高职高专院校咖啡师专业系列教材"，目的是解决高职高专院校开设咖啡师专业的教材问题；为咖啡企业培训咖啡人才提供所需的教材；为在职的咖啡从业人员提升自我、学习咖啡师相关知识提供自学读本。

本系列教材强调以工作任务带动教学的理念，以工作过程为线索完成对相关知识的传授。编写中注重以学生为本，尊重学生学习理解知识的规律；从有利于学生参与整个学习过程，在做中学、在做中掌握知识的角度出发，注意在学习过程中调动学生学习的积极性。

在本系列教材的编写过程中，编者尽力做到以就业为导向，以技能培养为核心，突出知识实用性与技能性相结合的原则，同时尽量遵循高职高专学生掌握技能的规律，让学生在学习过程中能够熟练掌握相关技能。

本系列教材全面覆盖了国家职业技能鉴定部门对考取高级咖啡师职业技能资格证书的知识体系要求，让学生经过努力学习，能顺利考取高级咖啡师职业技能资格证书。

本系列教材在版式设计上力求生动实用，图文并茂。

本系列教材的编写得到了不少咖啡界资深人士的热情帮助，在此，一并表示衷心的感谢！

广东创新科技职业学院
高职高专院校咖啡师专业系列教材编写委员会
2015 年 3 月

前　言

随着中国经济的崛起和改革开放的深入，人们的物质文化生活水平得到了不断的提高。作为世界三大饮品之一的咖啡也逐渐走入国人的视野，越来越多的人接触咖啡、饮用咖啡、了解咖啡、喜欢咖啡。咖啡已渐渐成为中国大街小巷出现的饮品符号，越来越多的中国人开始制作咖啡、研究咖啡，咖啡创业、咖啡创新已渐成趋势，为了顺适时代要求、培养咖啡专业人才，在众多咖啡行业资深人士的启蒙指导下，我们编写了这本教材。

本书从咖啡的起源讲起，讲述了咖啡的故事，介绍了咖啡豆的种类，咖啡豆的种植、采摘，咖啡豆的加工、储存、运输，咖啡生豆的烘焙、研磨，咖啡杯测与品鉴，咖啡香的鉴别，咖啡与健康、养生等多方面的知识内容。本书可作为高职高专学生学习咖啡知识的教材，同时也可作为初学咖啡的人士学习咖啡知识的自学读本。

本书在编写过程中，注意到高职高专学生学习的特点，以学生为本，尽量以简明的文字讲述专业知识，以工作任务引领教学任务的完成。本书具体章节的编写分工如下：张海波老师负责模块一、二、五部分；逯铮老师负责模块三、四、六部分。

由于编者接触咖啡的时间不长，因此在本书的编写过程中借鉴了很多大师如韩怀宗、齐鸣的观点，学习了王立职、杨海铨、柯明川、龙文静、郭光玲等大家的学说以及互联网等各方面的信息资源。在此，我们对上述同仁和媒体表示真诚的感谢。

本书在编写过程中还得到了广东创新科技职业学院李灿佳副院长的关心和指导，在此特表示感谢；同时也感谢暨南大学出版社的潘雅琴老师、范小娜老师的辛勤付出！

张海波　逯　铮

2015 年 6 月 29 日

目　录
Contents

模块一

咖啡的故事

学习目标

1. 了解关于咖啡起源的不同观点
2. 认识咖啡及咖啡豆
3. 熟悉咖啡的经典故事
4. 掌握咖啡的传播历程

　　咖啡，这一已风靡全球的提神饮品，还在受到越来越多人的喜爱与欢迎。它有如中国的茶叶一般，不仅拥有众多的拥护者，还有着非常悠久和灿烂的传播史。那么，其产生、发展的历程究竟是怎样的呢？下面，就让我们一起走进咖啡的世界！

任务一　**咖啡的起源**

● **任务目标**

1. 了解有关咖啡的历史知识
2. 熟悉咖啡的一些典故，掌握咖啡传播的历史过程

● **任务情景**

　　王小帅是一名大学新生，有一天在图书馆看到一本题为"咖啡：黑色的历史"的书籍，当下便"沉迷"其中，只用了短短 3 天就将其阅读完毕。该书阐述了咖啡给人们的生活方式带来的巨大变革，对人类经济、政治的巨大影响，咖啡在国际商贸、社会交际等方面发挥出的巨大魅力。那么咖啡究竟有着什么样的来历？其发展的历程又是如何呢？带着这些疑问，让我们伴随小王同学一起来了解咖啡的发展历史。

● **任务内容**

关于咖啡起源的传说

　　咖啡并非横空出世的新发明或新创造，而是原本就存在的客观物质，只是在被发现之前，人类一直对其一无所知。关于咖啡的起源，有很多的版本，至今广为流传的有"牧童说""五彩鸟与欧玛尔传说"以及"盖拉族嚼食咖啡果"等。

　　1. 牧童说

　　公元 6 世纪左右，在非洲东部的埃塞俄比亚山区放羊的牧童卡迪（音译，又译卡狄、卡尔迪等），有一天突然发现羊群莫名其妙地兴奋起来，活蹦乱跳，到处乱窜，就连身体有点儿不舒服的羊也加入狂欢的队伍中，这引起了卡迪的关

注。经过数天对羊群饮食的仔细观
察，卡迪发现羊是在吃了一种红色
的果实后，才出现这种情况的。小
牧童在好奇心的驱使下，也食用了
几颗小果实，结果可想而知，卡迪
也像他的羊群一样手舞足蹈、兴奋
异常。

图 1 - 1　兴奋的山羊①

　　羊群的变化和卡迪的状态引起
了附近清真寺的僧侣们的注意，这
一状态令他们感到好奇和不解。于是，他们把卡迪叫来，询问事情的来龙去脉。

　　一番询问后，智慧的僧侣们认定，这种红色的果实具有特定的魔力，能够使
人神清气爽、精神百倍、困顿全消。于是僧侣们摘回果实，煮水熬汤，发觉其味
虽酸涩，但有一股奇异芳香，饮之顿觉真气贯穿、精神一振。深夜祈祷，也不觉
得困乏。从此，这种具有醒脑提神功效的红果子，在僧侣们的广泛传播下，很快
在非洲东岸传播开来。

　　2. 五彩鸟与欧玛尔传说

　　公元 13 至 14 世纪，居住在摩
卡港的伊斯兰教信徒兼名医欧玛尔
仁心仁术，常常能够妙手回春，拯
救了很多身患重病的当地百姓，赢
得了摩卡人的爱戴和拥护，但因此
也招来了摩卡总督的妒忌。总督担
心欧玛尔的声望超越自己，于是，
便找了一个莫须有的罪名，将欧玛
尔放逐到乌萨山区的石窟中，任其
自生自灭。欧玛尔自此便以山洞为
家，采集山果果腹，过着风餐露宿
的生活。

图 1 - 2　欧玛尔被流放②

　　一日，欧玛尔来到瓦萨巴地区。饥饿困乏的他在一棵树下停留休息，放眼望

　　① 咖啡百科——咖啡起源的传说［EB/OL］.（2014 - 01 - 09）. http：//blog. sina. com. cn/s/blog_
790080930101fzxj. html.

　　② 咖啡起源传说［EB/OL］.（2012 - 04 - 27）. http：//site. douban. com/133473/widget/notes/
5707377/note/211755305/.

去，周围一片荒芜。此时的欧玛尔已经饥困交加，却无意间看到一个奇特的景象。他看到在他倚靠休息的树上，有一只五彩斑斓的小鸟，正在啄食树上所结的红色果实，之后五彩鸟儿开始兴奋地啼鸣。在好奇心的驱使下，欧玛尔也摘下树上的红果子，放入随身携带的小锅中，并用水熬煮成糊状喝下充饥，当他饮尽之后，原本疲惫的身躯立刻为之一振，神清气爽。

于是，欧玛尔在接下来的路途中四处采集这种红色的果实，遇到病人便将其熬成汤汁，用来治疗病患。后来，摩卡地区又流行起一种怪病——发痒症。百姓们求医无门，纷纷来到石窟前向欧玛尔求救，他们饮用了欧玛尔用红果子熬制的汤汁后都奇迹般地痊愈了。从那以后，前来请求看病的人在石窟前排起了长队。至此，欧玛尔名声大噪，摩卡民众为了感激他，集体迎接他重返摩卡。于是，欧玛尔便成为摩卡和咖啡的"守护神"。

3. 盖拉族嚼食咖啡果

好战的盖拉族是埃塞俄比亚的主要民族之一，人口在该国人口的 30% 以上。2 000 多年前，古老的盖拉族就活跃在现在的索马里与肯尼亚一带，以游牧生活为主，后来被索马里兴起的民族赶到了今天的埃塞俄比亚和肯尼亚一带。盖拉族人好战，最初常以咀嚼咖啡果来提神，与今日的泡煮咖啡相似。古代盖拉族人常摘下咖啡果捣碎，裹上动物脂肪，揉成小球状，作为远行、征战时壮胆用的"大力丸"。"大力丸"具有供应能量、振奋精神的功效，果腹效果比肉类或干粮还好，因此可以在瞬间鼓舞部族士气、增强族人战斗力。

由此，这种神奇的果实开始在盖拉族和相邻部族之间传播开来，并逐渐演变成当时主要的饮品。

种种传说不一而足，尽管史学家们收集了大量史料，但时至今日仍无人可以确定咖啡在何时、被何人发现。因此，关于咖啡的起源本书亦用通俗的传说故事以飨读者。至于咖啡的真正起源，望有志于此的朋友们继续探索。

● **知识链接**

咖啡贸易

许多人喜欢喝咖啡，一些发烧友更是喜欢研究咖啡：从咖啡的品种、种植土壤、采光、施肥、加工、运输等很多方面去追根溯源。这次我们从另外一个角度来探讨咖啡——咖啡贸易。

咖啡是这个世界上贸易量仅次于石油的第二大交易物资。全世界咖啡的消费量每年以 20% 的速度递增，中国有可能成为世界第二大咖啡消费国。关于咖啡生产与消费的数据，请看表 1-1。

表 1-1　咖啡生产与消费前十名的国家①

世界前 10 名的咖啡生产国			世界前 10 名的咖啡消费国		
序号	国家	单位（千吨）	序号	国家	单位（千吨）
1	巴西	3 366 000	1	美国	1 945 548
2	越南	1 497 000	2	巴西	863 766
3	印度尼西亚	630 000	3	德国	368 640
4	哥伦比亚	540 000	4	日本	312 730
5	埃塞俄比亚	379 500	5	法国	214 351
6	印度	315 000	6	意大利	185 670
7	洪都拉斯	276 000	7	西班牙	160 528
8	墨西哥	258 000	8	英国	149 774
9	秘鲁	258 000	9	埃塞俄比亚	149 124
10	危地马拉	252 600	10	荷兰	146 002

① 2013/2014 财年全球咖啡产量约为 14 632.5 万包［EB/OL］.（2013 - 08 - 27）. http：//www. chyxx. com/industry/201308/217581. html.

任务二　咖啡在世界的传播与发展

● 任务目标

1. 了解世界各地主要的咖啡产地
2. 掌握咖啡在世界传播的历程

● 任务内容

咖啡的起源让我们初步认识了咖啡是从哪里来的。而随着对咖啡认识的逐渐深入、对咖啡了解的逐步增多，人们也不禁好奇，咖啡是如何从一个不起眼的小角落走向世界各地，进而风靡全球的呢？下面，让我们一起徜徉在咖啡的神奇旅程中。

一、 阿拉伯世界的咖啡

1. 走进阿拉伯王国的咖啡

兴奋的羊群开启了人们对神奇豆子的认识。咖啡没有停止流传的脚步，很快，随着埃塞俄比亚的勇猛战士的奋斗、阿拉伯帝国的不断扩张，咖啡越过红海，向东直入阿拉伯世界。

据史料记载，公元 8 世纪，阿拉伯人开始大量饮用咖啡，当时的人们将咖啡当作酒和药品来使用。阿拉伯联合酋长国出土的文物表明，当时在中东地区，以阿拉伯地区为活动中心的伊斯兰教教徒是采用烘焙和研磨生豆的方法饮用咖啡的。在此后几百年的时间里，阿拉伯半岛的也门成为世界上唯一的咖啡出产地，市场对咖啡的需求非常旺盛。在也门的摩卡港，当咖啡被装船外运时，往往须用重兵保护。同时，也门也采取种种措施来杜绝咖啡树苗被携带出境的现象。然而，虽然采取了很多限制措施，来圣城麦加朝圣的穆斯林香客，还是偷偷地将咖啡树苗带回了自己的家乡，因此，咖啡很快就在印度落地生根。

约 10 世纪时，阿拉伯商人将咖啡传至欧洲。当时欧洲人还没有把咖啡当成一种饮料来品尝，而是称咖啡为酒。

10 世纪时阿拉伯地区著名的医生拉杰斯被认为是历史上第一位将咖啡记载在文献上的人。他不仅提到咖啡的药理效用、食用方法，还指出阿拉比卡咖啡豆的故乡是埃塞俄比亚。此外，拉杰斯还补充道，咖啡也生长于刚果、安哥拉、喀麦隆、利比亚以及象牙海岸等地。与此同时，咖啡的食用方法渐渐出现了变化——熬煮经过烘焙的咖啡豆直到形成黄色的液体后进行饮用。咖啡慢慢变成饮用的佳品。

2. 咖啡是伊斯兰教的宠儿

正是由于伊斯兰教圣经《古兰经》中严禁喝酒，一些阿拉伯人便不得不四下寻找酒的替代品。最终，他们转而去消费大量的咖啡，后来一直发展到"人们打着喝咖啡的幌子，几乎把所有时间都用来聊天、下棋、跳舞、唱歌，想尽一切办法来消遣"。

宗教是促使咖啡在阿拉伯世界广泛流行，并最终演变为世界性潮流的一个重要因素。那么，为什么咖啡会是这个宗教的幸运儿呢？如果我们对比佛教在我国的传播史便不难看出些端倪。作为与咖啡齐名的醒脑提神饮品，茗茶伴随着佛教的兴起传播开来，佛教教徒是其最初的"铁杆粉丝"，也是最忠诚的"口碑传播者"——喝茶能使人在宗教活动进行中保持清醒的头脑，提高效率并且不至于亵渎神明。曾有人在游览少林寺时买到一本"非法出版物"，其中有个野史故事：据说当年达摩祖师面壁九年悟道后开创禅宗，为了改变面带菜色的僧侣们的精神状态，便开始种茶、制茶、喝茶。于是乎饮茶之风兴起，今天"禅茶一道"的提法也多少与此有关。

咖啡之所以能够在伊斯兰世界大受欢迎，其兴奋提神的功效也居功至伟——只有喝着咖啡，才能保证信徒们在进行冗长的宗教仪式时具有最佳状态，感觉有一股神奇的力量注入体内。伊斯兰教经典中描述了很多先知穆罕默德的神迹，都是在他们喝过咖啡后发生的，也就不难理解了。

15 世纪中叶以前，咖啡只是伊斯兰僧侣和医生的特殊饮品。前者在虔诚信仰中接触咖啡，将其当作仪式中的兴奋剂，后者将其用来治疗消化不良等各种疾病。十多年前曾有一则消息，说上海有个无证行医的郎中以专治妇科疑难杂症为由骗取钱财，他将浓黑的苦咖啡当作治疗某些妇科病的"灵丹妙药"。这一消息乍一听来，的确让人对这郎中嗤之以鼻，但翻阅咖啡的相关资料便可知晓，在17 世纪咖啡确实是治疗妇女停经、痛经、月经不调等疾病的良药，这不得不让人对该郎中的遭遇唏嘘不已。

3. 走下神坛的咖啡

作为神圣的特殊饮品，出于宗教考虑，咖啡的来历和工艺被长期保密，其底细不为世俗所知。直到 1454 年，一位著名的伊斯兰宗教人士出于感恩，将咖啡这种带有宗教神秘色彩的饮品公之于世，咖啡才逐渐转变为伊斯兰地区大街小巷随处可见的大众流行饮品。还有一个野史说法认为：1405—1433 年间，明朝派遣下西洋的郑和舰队曾数次到达饮用咖啡的阿拉伯世界。伊斯兰教信徒发现中国人饮茶如喝水，毫无神秘感，茗茶却同样具备兴奋提神的功效，这促使咖啡很快走下了神坛，进入了世俗生活。此外，中国人喝茶的瓷杯造型对后世咖啡杯的基本样式的固定也起到了很大的作用。

数十年后，两位叙利亚人在麦加开设了阿拉伯地区最早的咖啡馆——卡奈咖啡屋（Kahveh Khaneh）。在这家咖啡馆里，或抽水烟，或下棋，或闲聊的男人们三三两两，有人喝咖啡，也有人喝茶，充满果香的烟料化为烟雾从铜质烟壶中袅袅升起，与水烟壶中的咕噜声以及咖啡的啜饮声相映成趣，墙壁上装饰性的宗教绘图随处可见，讲述各种宗教故事的长者们被大家簇拥着……无不体现了浓重的伊斯兰文化风情。

但是咖啡在伊斯兰世界的传播也并非一帆风顺。一些三教九流的人喜欢聚集在咖啡馆里，这不仅减少了他们去清真寺做礼拜的次数，并且咖啡越喝越兴奋的特性注定让咖啡馆成为议论朝政、宣泄不满、煽动民众的场所，引起当政者的高度警惕便不难想见。但是任由执政者如何下令禁止咖啡，咖啡已如雨后疯长的草茎般难以遏制。几番角力，几度兴衰，16 世纪末期，饮用咖啡已成为整个阿拉伯地区最基本的生活习俗，再也难以改变了。

二、 漫漫征途——咖啡在欧洲

1. 被咖啡俘获的土耳其人

13 世纪初兴起的蒙古帝国不仅摧毁了辉煌的阿拉伯帝国，也迫使原本居于中西亚地区的奥斯曼土耳其人迁徙至邻国拜占庭帝国居住。这个常年与蒙古人对抗的部族虽然军事上强大无比，文化和宗教信仰上却落后得可怕。当奥斯曼土耳其人环顾四周开始炫耀武力，进而征服四方时，他们在思想上、精神上却已被伊斯兰教征服驯化，最终一个以伊斯兰教为国教的奥斯曼帝国被建立起来。我们查看世界地图不难发现，土耳其地理位置之特殊令人侧目——它扼守着亚欧之间的陆路通道。拥有土耳其的欧洲意味着大门紧闭，可以万无一失；而失去土耳其的欧洲则意味着门户洞开，成为刀俎鱼肉。被伊斯兰文化层层裹挟并不断进化的咖啡文化，拥有难以想象的文化优势，正如今天的星巴克坐拥美国文化所具备的优越感一样。咖啡开始遥望欧罗巴，即将踏上新的征程，进而成为全世界的宠儿，而起点就在脚下。

1453年，奥斯曼帝国大军攻占君士坦丁堡，消灭了拜占庭帝国，并将君士坦丁堡改名为伊斯坦布尔，意为"伊斯兰教的城市"。新兴的奥斯曼帝国一只脚踏在亚洲，另一只脚踏在欧洲，掌握着欧亚间主要的陆路、海路贸易路线，欧洲已经门户洞开了。拜占庭帝国的灭亡意味着欧洲结束了漫长、黑暗的中世纪，接踵而至的文艺复兴则让欧罗巴大陆涅槃重生，迅速走向文明开化。逐渐暗淡的神学思想为人文主义精神所替代，接纳和亲近咖啡也有了可能性——探讨人性以及人和人之间的关系，追求享受和幸福人生的人文主义气质便植根于此。如果有人只用一个词来描述咖啡馆的精神，答案就是"人文主义"。

拜占庭帝国灭亡的另一个意义是，欧洲人了解外部世界必须绕开家门口的"异教徒"土耳其，这样一来他们就被迫去寻找新的途径，从而拉开了"地理大发现"时代的序幕，就这样，地理大发现时代与文艺复兴时代几乎同时登场了。后来，咖啡被欧洲人带到世界各地也与此有密不可分的关系。1480年，一群天主教圣方济会的修士代表罗马教廷从罗马出发去埃塞俄比亚，首次见识了咖啡，并将其写进了游记。后来人们根据他们所戴的那种中央高高耸起的帽子，非常形象地命名了一款奶沫高高隆起的咖啡饮品——卡布奇诺。

1505年，奥斯曼土耳其大军南下占领阿拉伯地区，品尝并爱上了咖啡饮品。经过几十年的发展，喝咖啡的习惯传遍整个奥斯曼帝国。飞速发展的伊斯兰教裹挟着咖啡文化，即将吹响进军欧洲的号角，咖啡国际化传播的序幕缓缓拉开。

2. 咖啡通向欧洲的起点站

1554年，奥斯曼帝国首都伊斯坦布尔的首家咖啡馆——卡内斯咖啡屋开张了。卡内斯咖啡屋不仅提供咖啡，还采用豪华装修招徕顾客。果然此举引起了咖啡消费的热潮，不少跟风者竞相开店。因为有不少文化知识水平较高的人士光顾咖啡馆并高谈阔论，当时咖啡馆被称作"智慧学院"，现代意义上的咖啡馆就此出现了，伊斯坦布尔被称作"咖啡通向欧洲的起点站"。

进入16世纪时，土耳其人就不断对继承自阿拉伯地区的咖啡进行大刀阔斧的改革。比如说阿拉伯人并不格外看中咖啡种子——咖啡豆，还常常取用咖啡果肉而舍弃内里的咖啡豆。土耳其人则不然，他们显然将兴趣点集中在咖啡豆上，晒干、烘烤、研磨、煮熬、饮用……乐在其中。16—17世纪这200年间，现代意义上的咖啡文化诞生于土耳其，第一批现代意义上的咖啡馆诞生于土耳其，第一个咖啡品鉴的技术流派——土耳其式咖啡也就此诞生。虽然今日这一流派早在历史尘埃中逐渐淡漠，但其丰厚的文化内涵依然为人称道。

在此期间，土耳其在向欧洲传播咖啡文化方面立下了赫赫功劳。例如，土耳其语中对于咖啡的发音"kahwe"正是后来欧洲人称呼咖啡的演变之源——威尼斯商人将其改称为意大利语"caffe"，法国人将其改称为"café"，德国人将其改称为"kaffee"，捷克人则改称为"kava"，希腊人改称为"kafes"，英国人改称为"coffee"。

1659 年，土耳其派遣庞大的代表团出访日耳曼民族神圣罗马帝国（德意志第一帝国），所带的礼物中就包括咖啡，代表团中还有咖啡制作师。我们经常说土耳其是咖啡不折不扣的"头号贵人"，这也算是理由之一。

1669 年 7 月，法国国王路易十四第一次在凡尔赛宫接见奥斯曼土耳其大使，却因举止傲慢而令会谈不欢而散。回到巴黎的土耳其大使心有不甘，开始营造舒适的宅邸并与法国贵族展开土耳其式外交，咖啡便是其"撒手锏"。1669 年 12 月，路易十四第二次在凡尔赛宫接见大使，并要求他表演一次土耳其式咖啡礼仪。这一事件也让饮用咖啡成为巴黎上层社会流行的社交活动，一时效仿者如云。因此，咖啡爱好者在学习咖啡文化时，不应只注重了解具体史料，而应把握咖啡所蕴含的那种开放、学习、沟通、融合的精神和气质——咖啡是一种不断接纳和包容的国际化产物，大胆创新本身便是对咖啡与咖啡馆文化最好的继承和发扬。

3. 售卖咖啡的威尼斯商人

16 世纪以来，欧洲社会非常热衷于写旅行日记和旅行见闻录，咖啡开始不断在欧洲人笔下被提及。1582 年，一位叫罗沃夫的德国医生对咖啡做了详细记述。十年以后，一位意大利医生兼植物学家绘制了第一幅关于咖啡植物及其果实形态的木版画。今天我们在全世界一些装修老旧的咖啡馆里还能看到那幅木版画的复制品。咖啡全面登陆欧洲，已呈"山雨欲来风满楼"之势。

1600 年，在精明的威尼斯商人的策划下，第一批以商业性质进口的咖啡以"阿拉伯酒"的名义从也门摩卡出发运抵威尼斯，由一群走街串巷的饮料商人四处兜售。几十年以后，那些尝到甜头的威尼斯商人意识到咖啡贸易大有可为，于是从阿拉伯人手里取得咖啡专卖权，开始从也门摩卡向威尼斯贩卖大量的咖啡豆。此举却让售卖酒水、柠檬水和巧克力的威尼斯本地商人感觉受到威胁。他们纠集公众将咖啡形容为"来自异教的魔鬼饮料"，并要求教皇克莱门八世颁布咖啡禁令。哪知开明的教皇克莱门八世却给这种"撒旦饮品"举行阳光下的公正审判，其结果是为咖啡神圣正名，为咖啡受洗，将其视作上帝的恩赐，并借机愚弄撒旦。

几乎在与威尼斯商人取得咖啡专卖权的同时，"海上马车夫"荷兰人也在动咖啡的心思。1616年，经过精心安排和周密部署，他们从也门港口亚丁偷了一株咖啡树苗和少许咖啡种子，并将这些宝贝带到阿姆斯特丹，精心移植在阿姆斯特丹皇家植物园里的温室中。这次行动对于之后荷兰人在殖民地展开咖啡种植业意义重大，我国云南大理宾川最早种植的咖啡树也与此血缘甚近。

1624年以后，威尼斯商人的咖啡豆商业运输路径基本固定，这条"咖啡之路"是：也门摩卡港—穿过红海—抵达埃及苏伊士（全长约163千米的苏伊士运河直到1869年才开通）—转由骆驼商队接手—运抵地中海沿岸亚历山大港—海路分送至阿姆斯特丹、伦敦、马赛、威尼斯等欧洲港口。

随着源源不断的咖啡运抵欧洲，咖啡逐渐积聚了足以媲美蒸馏酒、啤酒的人气和力量。不久以后开始进行的那场"世纪大PK"被后世的欧洲史学家们如此渲染：咖啡最终将欧洲人从酒精的烂醉中解救出来。

● 知识链接

欧洲的第一家咖啡馆

1578年出生在英国的威廉·哈维不仅是发现血液循环和心脏功能的世界级医学家，也是最早饮用咖啡并积极宣传其健康功效的英国人之一。据说他临死前还要求自己的同事定期聚会，边喝咖啡边讨论学术话题。

1650年的英国正值"光荣革命"时期，一位黎巴嫩商人在英国牛津大学建立了欧洲第一家咖啡馆。这位商人不仅因创建了欧洲第一家咖啡馆被载入史册，而且他不经意间选择的时间和地点也耐人寻味：此前五年，牛津还是查理一世的王军大本营——象征封建暴政的中心。此前一年，有暴君恶名的查理一世被送上了断头台，议会宣布英国为共和国。而39年后的1689年，《权利法案》颁布，"光荣革命"成功，英国确立了君主立宪制，整个世界都为之侧目。其实英国不仅拥有欧洲第一家咖啡馆，1652年创建于伦敦的一家咖啡馆也堪称欧洲历史最悠久的咖啡馆之一。但是，当时更大范围内的英国人对咖啡确实一无所知，比如，1719年出版的英国小说《鲁滨孙漂流记》中能看到甜酒等酒精饮品反复出现，却不见咖啡的倩影。

直到17世纪中后期，伦敦的咖啡馆才成为人们习以为常的聚会场所，即使是1665年的伦敦鼠疫（死亡人数超过10万）与1666年的伦敦大火（城市地标圣保罗大教堂也被付之一炬），也未能阻止咖啡馆的星火燎原之势。对于英国人来说，咖啡馆是个学习交流、指点江山乃至商贸交易的好场所。圆形或椭圆形的咖啡桌四周经常围着兴奋的人群（有人认为圆桌会议也是在英国咖啡馆里诞生的），喝完咖啡之后，激昂的语气并不能掩盖彼此之间交流的平等和自由。咖啡馆装修简洁、平民化，点一杯咖啡坐上一整天不过消费几个便士，纵使不点单消费仅聊天也只需一个便士（可以看作入场费或台位费），因此，咖啡馆获得了"便士大学"的美称。

其实"便士大学"一直是咖啡馆精神的象征，既要有圈子的概念，还要有颇具亲和力的装修来营造氛围，美味但价格低廉的咖啡饮品自然也必不可少……但可惜受制于房租和人员成本，如今中国一线城市的咖啡馆要做到这一点却难于上青天，本应十分亲民的咖啡不得不以"昂贵"的姿态示人。如今，咖啡馆在西方的功能也丧失了许多，咖啡的经营者们心中的苦楚却难以诉说。

意法的咖啡馆之始

1651 年，意大利西部沿海港口城市来航（Leghorn）诞生了欧洲第二家、意大利第一家咖啡馆。但意大利咖啡馆文化之始，却源自 1683 年开设的波特加咖啡馆——一家风格小巧、简洁的咖啡馆。这家咖啡馆在威尼斯圣马可广场开张迎客，到了 17 世纪末期，圣马可广场的几家咖啡馆已经是闻名遐迩，"圣马可"这个品牌今天在咖啡世界里的赫赫威名也多少与此有关。18 世纪的大部分时间里，意大利各大城市纷纷效仿威尼斯圣马可广场佛罗里安咖啡馆，掀起了高档奢华的咖啡馆路线，也就是所谓的"咖啡宫殿"。

与此同时，对咖啡馆日渐警惕的法国政府开始严管巴黎咖啡馆，营业时间、顾客来源等都在限制之列。这反而导致巴黎咖啡馆层次的大幅提升，原有的彻底开放性质发生了质变，咖啡馆开始依据各自不同的选址、装潢、定位等来招揽不同类型的客人。"道不同，不相与谋"，固定客源的咖啡馆逐渐成为主流，咖啡馆的"圈子"概念出现了，这对今天全世界的咖啡馆影响巨大。最近几年在北京、上海、广州、杭州等国内各大城市，以 IT 从业者为主体消费者的互联网主题咖啡馆如雨后春笋般开张，就是最好的证明。

德国的咖啡故事

17 世纪上半叶，围绕军权与教权的"欧洲大战"在德国境内旷日持久地进行着。灾难过后，昔日欧洲大陆最强大的国家——日耳曼神圣罗马帝国被彻底"碎片化"，只剩下奥地利和普鲁士值得一提。今天欧洲的第一大咖啡消费国——德国，在 18 世纪欧洲大陆消费持续升温之时，却丝毫没有体现出在咖啡消费上的"王者"潜力。为什么呢？这是因为咖啡树是一种只能生长在"咖啡种植带"的热带经济作物，而普鲁士不仅本土种植不了咖啡，也缺少能够生产咖啡的海外殖民地。一旦民众喝咖啡上瘾导致咖啡进口大增，势必造成贸易赤字徒增，金银大量外流至英法等竞争对手手中。因此，普鲁士国王数次与该国啤酒商人携手，以便推销啤酒，禁售咖啡，不仅如此，还对进口咖啡课以重税，后来索性将咖啡烘焙权收归国有。这虽然使得普鲁士国土范围内的咖啡消费热潮暂时被抑制，但渴望与欧洲主流社会保持一致的德国民众不得不将各种谷物混合烘焙作为咖啡替代品饮用，留下了一段心酸的咖啡故事。

直到 19 世纪中叶以后，德国自身经济实力不断壮大并超过法国成为欧洲大陆第一强国，因而开始重视自由经济理论，再加上迫于咖啡消费者和商人等各方的压力，这才将咖啡禁令取消。咖啡在与啤酒的竞争中完胜，德国咖啡消费量暴涨，最终使德国摘得欧洲最大咖啡消费国的桂冠。曾经有一幅插画，画中描绘的是 19 世纪 80 年代德国女性主题咖啡馆里的一个场景——女人们在咖啡馆里高谈阔论，热闹非凡。有道是"三个女人一台戏"，这么多女人挤在咖啡馆里，再借助咖啡因的兴奋作用，不知会上演多少好戏！

不喝咖啡就不算是晚餐结束

1669 年，驻法国巴黎的土耳其大使受路易十四邀请，在凡尔赛宫表演了一次精彩而豪奢的咖啡礼仪。而在此之前，这位大使早已做足了功课：他在巴黎租下一所豪宅，并凭借极具异域风情的装修和香醇的咖啡，吸引了不少法国贵族携眷光顾，甚至成为巴黎极具知名度的社交场所。此时此刻，咖啡文化的香醇芬芳、优雅精致再一次令法国贵族们瞠目结舌，很快，一股由上而下的咖啡热潮逐渐在法国扩散开来。

十几年后的 1686 年，一个意大利商人在法国巴黎创建了一家装潢奢华的饮品售卖店，贩卖酒、咖啡、柠檬水等各式饮品。随着经营的日渐起色，咖啡的销量日渐占据主导地位，于是这家饮品售卖店更名为"普罗科普咖啡馆"。伏尔泰、卢梭、拿破仑等都曾是它的常客，为其奠定了文艺沙龙的格调。由于普罗科普咖啡馆经营的大获成功而带动了一大批跟风者，带有文艺范儿的咖啡馆便相继出现，普罗科普被视作法国巴黎咖啡馆文化兴起的一个标志。

1699 年还有一个插曲，荷兰通过东印度公司将咖啡豆输出至印度尼西亚栽种。这件事情的伟大意义在当时看并不突出。1723 年发生的另一件事显然更重要，一个叫德克律的法国军官将咖啡树苗从法国南特带到开往加勒比海区域的马提尼克岛的船上，在他的精心栽培与护理下，咖啡树苗于 1726 年开花结果。经过 50 年的苦心经营，到 1777 年，当时全欧洲约 65 000 吨的咖啡年消费量的一半来自于拉丁美洲的法属殖民地——法国在咖啡世界的王者地位一时无人能及。而与此同时，法国国内的咖啡消费也达到相当高的水准，一位同时期的英国作家描述说："咖啡在法国非常流行，尤其是上流社会，不喝完餐后咖啡就不能算是晚餐结束。"

三、 当代咖啡

目前咖啡的主要生产区在拉丁美洲，其次是非洲，亚洲地区也有很多国家生产。近年来咖啡豆的年产量在 600 万吨左右，平均亩产量在 80 ~ 90 千克，也门单产最高，达 229.5 千克。种植面积以巴西和哥伦比亚最大，产量约占世界总产量的一半。

咖啡作为世界三大饮料之首，是仅次于石油的世界第二大贸易品，在日常生活和商业贸易中都具有举足轻重的地位。咖啡的市场需求刚性而旺盛，传统的咖啡消费国如美国和德国，年消费量分别达到 120 万吨和 80 万吨，在总消费量的 30% 以上。世界咖啡消费量主要由有限的产能决定，近年来由于一些非传统消费国如日本、韩国，尤其是中国的快速崛起，更是导致国际咖啡价格持续上扬，前景被看好。

2010—2015 年，咖啡消费市场进入高速发展期。中国城市平均每人每年的咖啡消费量是 4 杯，即使是北京、上海这样的大城市，平均每人每年的消费量也仅有 20 杯。而在日本和英国，平均每人每天至少要喝一杯咖啡。日本和英国都是世界著名的茶文化国家，目前已经发展成了巨大的咖啡市场。拥有强大茶文化的中国具有巨大的咖啡消费潜力，有望成为世界最大的咖啡消费市场。在国内许多大中城市，咖啡专业场所的数量以每年25%左右的速度增长。正因为中国咖啡市场处于起步阶段，所以中国咖啡消费增速惊人，这意味着一个巨大的机遇已经降临，也意味着有更大的利润空间。而这无疑给众多计划开一家充满情调和浪漫、温馨感觉的咖啡馆的有识之士带来新的发展机遇。目前中国每年的咖啡销售只有700亿元的市场，缺口达9 300亿元之多。因此，咖啡产业的发展潜力将是无限的。

任务三 咖啡在中国

● **任务目标**

1. 了解咖啡在古代中国传播的历程
2. 认识咖啡在近代中国的传播历程
3. 了解咖啡在当代中国发展的情况

● **任务内容**

现在的中国大地，在经济、文化略具优势的城市，咖啡馆如明珠般点亮着一座城市的星空。中国人对咖啡已经不再那么陌生，或去咖啡馆享受其精致、典雅的韵味，或购买速溶咖啡用于提神醒脑。咖啡作为一种饮品已渐渐走入中国人的生活。那么咖啡究竟何时传播到中国，在我国的发展又是怎样一番场景呢？下面，让我们一起来了解咖啡在中国的传播与发展。

一、郑和下西洋促使咖啡普世化 （拉开咖啡东传的序幕）

饮料发展的常识告诉我们，中国的茶叶比咖啡的发展要早得多，传播也更加顺利。那么，在中国向世界输出茶叶的过程中，是否也伴随着咖啡的演变和引进呢？

答案应该是肯定的。

早期的咖啡是一种功能性饮料，可用来提神，也是医生用药的配方，普通老百姓不得饮用，一直到 15 世纪以后才成为平民饮料。有关专家指出，咖啡的引进在时间上与郑和下西洋颇为吻合。

明朝郑和于 1405—1432 年率领庞大的舰队七度远航印度洋直至非洲东海岸，数度到访红海附近的阿拉伯国家。现在肯尼亚附近的小岛上仍然居住着郑和下西洋时舰船上的官兵在非洲留下的后裔，岛民使用的明代陶碗、器皿就是最好的佐证。郑和每次出访都会带中国茶叶随行，除了将茶叶当作馈赠友邦的礼物，还会向阿拉伯统治者介绍有关茶叶的知识，并示范泡煮方法。此举给阿拉伯部族很大的启示：中国人可以把提神的茶作为平民日常饮用的饮料，而本地的咖啡为何仅仅只能用于药用和宗教祈祷呢？咖啡是否也能另辟蹊径，成为待客和社交的媒介呢？

这些想法经过酝酿发酵，最终加速了15世纪末16世纪初咖啡世俗化的脚步。此后，郑和返国后，明朝开始实行闭关锁国的政策，关闭了对外贸易的通道，刚刚在中东兴起的茶文化由于缺少原料的支撑，提神饮品出现了真空期，阿拉伯人只好回头检视自己的提神饮料。这正好为咖啡的发展提供了良好的时机，令咖啡再度受到重视。咖啡由此开始慢慢进入中东普通人家，开始了世俗之路。

此外，据史书记载，郑和于1432年第七次西行，曾驶入亚丁港接走一名也门大使返回中国。史学家不排除郑和与夏狄利、达巴尼（他们两位之后被也门誉为"咖啡之父"）两位教长见面的可能。如若两位教长曾登上郑和的宝船做客，并得到郑和以中国茶相待之礼，则他们必能见识到茶叶的好处，对咖啡冲泡的方法也会得到启发。虽然未有确凿的佐证材料，但郑和的也门之行对咖啡的普世化、世俗化发展有着巨大的贡献。

另外，从早期的咖啡杯具上也可看出茶杯的影子。也门15世纪末的咖啡杯较大，类似中国的茶碗。到了16世纪，土耳其人发明了重烘焙、细研磨的土耳其咖啡，杯具就比早期的茶碗小了许多，但其外形仍然像极中国的茶杯，这显然受到中国茶具的影响。而且，在阿拉伯的史料中也有记载说明中国茶叶为阿拉伯人熟悉之前，阿拉伯人对咖啡仍很生疏。同时，奥斯曼帝国的苏莱曼大帝（1494—1566）也曾赞叹中国的茶饮料不但有益于健康，也有助于邦交，而且在当时的伊斯坦布尔等大城市皆可购买到茶叶、喝到茶饮料。

二、 近代史下咖啡在中国的传播

明朝万历年间的利马窦，清朝康熙年间的汤若望、南怀仁等外国传教士，不惧千山万水，远渡重洋来到中国传播基督教。除了宗教文化，咖啡也随之而来，这些传教士是中国开始有咖啡传播的重要见证人。

我国咖啡的引进试种已有100多年的历史。1884年，咖啡开始传入我国台湾台北县，以后集中在台中和高雄两县栽培。1892年，法国传教士在大理宾川的朱苦拉村种植咖啡，目前尚有1 000多棵存活。1908年，最初由华侨从马来西亚带回的大、中粒种咖啡于海南岛那大栽植。随后又由华侨陆续从马来西亚、印度尼西亚引进到海南那大、文昌、澄迈等地种植。广西由越南华侨引入咖啡种植，已经有 50 多年的历史，主要栽培在靖西、睦边、龙津及百色等地区。云南从越南、缅甸引种试种，至今也有 90 多年的历史，主要在德宏、西双版纳等地区种植。此外，福建的永春、厦门、诏安，四川的西昌及广东粤西等地区也曾试种咖啡。

我国的咖啡生产历经了曲折的发展进程。20 世纪 50 年代至 60 年代初期，咖啡生产曾有过发展盛期。1960 年，全国咖啡种植面积曾达 13 万亩，年产量在 26 000 吨以上，至 1979 年，全国仅存 2 000 多亩，年产量仅 100 多吨。而自 20 世纪 80 年代以来，随着我国经济的发展，咖啡生产迅速得到恢复。1983 年，全国有咖啡 5 万亩，总产咖啡豆 1 万吨，目前全国咖啡种植面积增至 40 万亩，年产咖啡豆 8 万吨。咖啡的主要产区在云南、广东、海南，大部分是近几年新种的，投产面积比较小。广东、海南以中粒种为主，云南以小粒种为主。此外，在福建、广西也有少量种植。生产实践证明，我国各种植地区的自然条件是适宜咖啡生长发育的，若能精细管理，是能获得丰产的。

世界咖啡消耗量比可可和茶叶各大两倍左右。世界咖啡消费量以每年 1.5% 的速度增长，而特种咖啡，如烘焙咖啡的增长速度却达 8%。咖啡豆实货市场价格以纽约（NYBOT）、伦敦（LIFFE）两个期货市场的价格为参照。

根据国际咖啡组织的报告分析，2013—2014 年的咖啡总产量预计比 2012—2013 年的产量微量增加，而总出口量由于受到价格变动的影响将可能减少 2.46%，但消费量将增加 1.74%。

三、 当代中国咖啡的发展现状

从国内外对咖啡生产与消费的分析可以看出，世界咖啡供求基本平衡，但优质产品仍供不应求。为适应市场的需要，国外咖啡种植业趋向发展优质小粒种咖啡。国内市场对咖啡的需求量日益增加，供需缺口较大，因此，我国每年还须进口咖啡原料及咖啡制品，以满足市场的需要。我国人民生活水平的不断提高和旅游业的发展，将促进国内咖啡产品消费和需求市场的扩大，咖啡产品的消费将会有较大的增长。

咖啡，这个仅次于石油的全球第二大贸易产品，目前在中国的消费市场上保持着 30% 以上的年增长率，而世界咖啡消费年增长率仅为 6%，中国已经成为拉动全球咖啡消费的重要"引擎"。

有相关数据显示，当前国内咖啡消费量为 3 万吨/年，市场容量在 500 亿元人民币，目前以每年 25% 的速度增长。全球咖啡年产量在 700 万吨左右，贸易额则达到 10 万亿元人民币。预计到 2020 年，中国咖啡市场的总消费额将达到 500 亿美元，整个产业链所衍生的市场空间，将有数千亿美元。

● 知识链接

云南咖啡漫谈

云南省的西部和南部地处北纬 15° 至北回归线之间，大部分地区海拔为 1 000 ~ 2 000 米，地形以山地、坡地为主，且起伏较大、土壤肥沃、日照充足、雨水充沛、昼夜温差大。这些独特的自然条件形成了云南阿拉比卡种咖啡的风味特性——香浓均衡、果酸适中。

云南的咖啡宜植区非常广，主要为南部和西部的普洱、景洪、文山、保山、德宏等地。行进在滇缅公路途中的保山、德宏等地，望着道路两侧绿帐般身姿曼妙的咖啡树，那种心情是难以形容的，尤其是位于北回归线上的普洱市，面积 4.5 万平方千米，热区面积超过 50%，森林覆盖率超过 67%，日渐成为我国种植面积最大、产量最高的咖啡主产区和咖啡贸易集散地。

云南咖啡故事

云南与咖啡结缘有四个不同的历史时期。

第一阶段：19 世纪 80 年代，清政府被迫与法国签订条约以结束中法战争，条约规定开放蒙自（红河州蒙自县）为通商口岸。1889 年，蒙自海关开关，拉开了西南边陲与外交流的序幕，顿时蒙自外商云集，各种商业机构接踵而至。到了 20 世纪初，咖啡馆与酒吧、网球场、酒店、赛马场等西洋场所开始出现在街头，为各色人等提供休闲服务。

第二阶段：1902 年，一位中文名叫田得能的法国传教士将咖啡树苗从越南带到云南省大理宾川县一个叫作朱苦拉的山川种植。时至今日，依然有那批咖啡树苗繁衍的后代存活着。由于法国人一度垄断了欧洲的咖啡贸易，法属殖民地咖啡树的共同祖先是荷兰阿姆斯特丹皇家植物园里的几株咖啡树苗，这几株树苗由阿姆斯特丹市长在 1714 年访问法国时亲手赠予路易十四，从此法国开启了咖啡事业。这样说来，朱苦拉村的古老咖啡树也有着可引以为傲的纯正血统。

第三阶段：1952 年，云南省农业科学院的专家将 80 千克咖啡种子发到保山潞江坝的农民手里，数年后又大规模指导种植，这才有了此后滇缅公路沿线婆娑摇曳的咖啡树。由于苏联的巨大需求，云南的咖啡种植获得了一次迅猛的发展。然而，随着中苏关系的恶化，国内并没有庞大的咖啡需求市场作支撑，数千公顷的咖啡园或者荒芜或者改种其他经济作物。不仅云南的咖啡种植业跌入谷底，古老的阿拉比卡咖啡树品种的延续也岌岌可危。

第四阶段：1988 年，雀巢在中国成立合资公司，通过启动咖啡种植项目等方法开始在云南支持当地的咖啡产业，云南咖啡再次崛起。从 1992 年起，雀巢成立咖啡农业部，专门指导、研究云南咖啡树的改良与种植，并按照美国现货市场的价格收购咖啡豆。截至目前，不仅雀巢、麦氏、卡夫、星巴克等咖啡巨头均在云南开展咖啡业务，德宏后顾、普洱爱伲、保山联兴、保山云潞等本土咖啡产业也逐渐发展壮大了。

目前，云南咖啡的前景被普遍看好。

截至 2011 年年底，云南全省咖啡树种植面积已达到 64.59 万亩，产量近 6 万吨。全省种植面积占全国面积的 99.3%，产量占全国的 98.8%。无论是从种植面积还是咖啡豆产量来看，云南咖啡已确立了在中国国内的主导地位。

咖啡种植给云南的农民带来了许多惊喜，虽然在 2012 年经历了一次打击，但回归合理价位、注重品质并非坏事，尤其是目前国际咖啡价格总体趋势持续走高，更是让种植户充满期待。云南省在"十二五"规划中，将咖啡作为重点发展的产业之一。从 2011 年出台的《云南省咖啡产业发展规划（2010—2020）》来看：到 2015 年，云南咖啡种植面积预计发展到 100 万亩，实现总产值 170 亿元以上；而到 2020 年，种植面积预计稳定在 150 万亩左右，实现总产值超过 340 亿元。由于云南可供开垦种植咖啡的土地面积已经不多，恐怕现有林地资源在受保护的前提下也将被合理利用。

任务四 咖啡趣事

● **任务目标**

了解有关咖啡的趣闻轶事

● **任务内容**

咖啡的起源有着很多美丽的传说，如上文所讲的"牧童说""五彩鸟与欧玛尔传说"等，当然还有基督教的咖啡起源说、伊斯兰教的神赐旨意说等，这里我们不再赘述。下面让我们一起来了解一些关于咖啡的逸闻趣事吧！

一、 土耳其人的咖啡人生

土耳其人的咖啡在 18 世纪以前一直是国际咖啡界的领袖，无人能够望其项背。咖啡对土耳其人而言，不仅仅是简单的饮品，还是历史遗产、生活元素和人生要事。

在土耳其，何时喝咖啡、该如何喝咖啡，都有一套严格的规范，不得颠倒。"土耳其咖啡"一词对土耳其人来讲是多此一举，因为土耳其人认为世界各派咖啡均发迹于土耳其；咖啡已经是土耳其的重要组成部分，咖啡就等同于土耳其咖啡。

在土耳其，咖啡经过数百年的浸入、渗透，已经完全融入了土耳其人生活的方方面面。在土耳其人的生活习俗中，全世界只有土耳其人的相亲仪式与咖啡完美地结合。前来提亲的男子着盛装来到女方家里，而女方一定要亲自泡咖啡来接待未来的丈夫。女方可借助咖啡的口味，传达对男方的意愿。如果女子很中意男方，就会在咖啡中加入方糖，愈甜表示对男子愈满意，婚娶之事基本无碍；如果不甜或未加糖，则表示女方不想嫁人；最糟糕的是咖啡中加了盐巴——咸咖啡，则表示连见面都不愿意。这种习俗盛行至今仍未衰败。在古代，奥斯曼帝国时期也规定，如果男子无力满足妻子喝咖啡的欲望，妻子可径自离婚。可见，土耳其人的咖啡情缘，真是独一无二！

另外，土耳其咖啡也被用来解读人生密码。喝完咖啡后，用杯盘盖住杯口，再将杯子按顺时针方向旋转三圈，然后倒转过来，让杯底的咖啡残渣流到杯盘中，静等几分钟后，可根据残渣的图案进行占卜，不同的图案代表不同的含义，土耳其人对此深信不疑。

图 1-3　用来解读人生密码的咖啡

二、 阿拉伯世界的黑金圣物

咖啡在阿拉伯世界逐渐成为一种流行的饮料。一开始时，咖啡的食用或饮用并不遍及阿拉伯世界的一般大众，而是局限于一些特定的群体，例如，伊斯兰教僧侣或医生。15世纪以前，咖啡在医疗上被拿来治疗消化不良，在宗教上它被当作一种提神的刺激物。通常在清真寺的聚会中人们会拒绝新鲜的咖啡液及咖啡生豆，因为咖啡液所含的轻微麻醉效果以及咖啡生豆所包含的微量咖啡因，均被伊斯兰教信众视为崇拜力量的源泉。直到有人发现，咖啡果实若稍加烘焙再加热水泡煮会散发出更加香醇的风味，人们才开始对咖啡进行加工、泡煮。从一些阿拉伯的文献记载可以看到，伊斯兰教苏菲派在举行奉献仪式时会饮用大量的咖啡饮料，宗教领袖也会在午夜的祷告仪式中将咖啡装进一个大型的陶制容器中，再将咖啡倒入茶杯中分送给参与的信徒，以免他们在仪式中睡着了，由于苏菲派的信徒是在虔诚的信仰中结识咖啡的，因此咖啡在他们的日常生活中占有举足轻重的地位。后来咖啡逐渐摆脱了医疗及宗教的狭隘用途，而且愈来愈受阿拉伯人的欢迎，有不少伊斯兰教信徒开始私自在家中泡煮咖啡，甚至当他们到阿拉伯或埃及旅行时也都不忘带上这套仪式。不过话虽如此，咖啡在15世纪中叶以前的阿拉伯伊斯兰世界中主要还是被用于宗教和医疗方面，尚未成为一种大众休闲饮品，等到1454年著名的伊斯兰法典解禁后，咖啡才迅速地在阿拉伯伊斯兰世界流行起来。

图1-4　饮用泡煮的咖啡

随着奥斯曼帝国的强大，饮用咖啡逐渐成为一种风潮，奥斯曼帝国不但首开喝咖啡的风气，也有计划地发展咖啡栽培业和种植业，垄断了其后200年的咖啡豆市场。阿拉伯地区的卡纳咖啡屋、大马士革的玫瑰咖啡屋、伊斯坦布尔的卡内斯咖啡屋，它们的开张经营使得咖啡成为一种流行的饮品，咖啡成为人们闲聊的主要议题，咖啡豆被誉为"黑色的金子"。卡内斯咖啡屋除了提供咖啡外，还用豪华的装潢来吸引顾客，从而引领出一股火热的咖啡风潮。

三、　也门——产咖啡豆的地方很少喝咖啡

公元1400—1500年，也门摩卡港和亚丁港突然掀起食用咖许的热潮，所谓咖许，就是把红色的咖啡果子摘下晒干后只取果肉部分，其内的咖啡豆则丢弃不用，再将晒干的咖啡果肉置于陶盘，以文火烘焙后捣碎，再用热水泡煮趁热饮用。其果肉含有1%的咖啡因，因此具有醒脑提神的效果，将其制作成咖啡茶，口味甘甜，略有苦涩，如若冷藏后饮用则口味更佳，堪称中世纪阿拉伯世界的可口可乐，其受欢迎的程度可见一斑。现在的咖许已经不同于以往，早期的咖许只用晒干的咖啡果肉泡煮，经过数百年的改良，目前也门的咖许有古代和现代两个版本：古代版本依旧不加咖啡粉，将晒干后的果肉捣碎后，添加豆蔻、肉桂等香料煮沸，放凉装入瓶中，就成了降火的佳饮，是当地人每日不可或缺的早午茶；

而现代的咖许，加入了细研磨的咖啡粉、姜末、肉桂等香料，其特点更像咖啡，但人们可能喝得不大习惯。而到也门观光旅游的人也很难相信在这样的咖啡王国，街头尽是嚼食卡特草、喝咖许的人，很少见到有人喝咖啡。当地只有富人才喝得起摩卡咖啡，而普通民众只好将就着用咖啡果肉来调节差异。

四、 北美的咖啡革命

目前，美国每年的咖啡消费量在全球的 20% 以上，是最大的咖啡消费国。但是当美国还是英国早期殖民地时，北美的欧洲移民以茶叶作为主要的饮料，咖啡很少见于北美的餐桌。当时北美并无独立的咖啡馆，咖啡主要在酒店、餐厅、旅馆贩卖，最知名的绿龙咖啡馆（Green Dragon，1697—1832）也是酒吧和旅馆的复合体，其与欧洲赋有人文气息的咖啡馆截然不同。

北美早期之所以出现这样的局面，主要是因为英国殖民者的兴趣爱好。早期的北美人以饮茶为主，咖啡只是酒吧或餐厅的附属品。但是高昂的茶叶税却让人负担不起，而英国政府还颁布命令，禁止普通民众走私贩卖茶叶，并将专卖权授予东印度公司。北美移民对茶叶的进口税大增，群起抗议，并走私茶叶，拒绝购买输

图 1-5　北美波士顿倾茶事件

入的高价中国茶和印度茶，造成东印度公司茶叶销量锐减。1773 年，英国议会通过茶叶税法，允许东印度公司直接销售茶叶至北美，以便大幅降低成本，和北美走私茶叶竞争。同年 12 月，首批低价倾销的茶砖运抵波士顿港后，约翰·亚当斯（后来的美国第二任总统）率领 100 多人打扮成印第安人的模样攻占货船，把 300 多箱英国茶丢进了海里。这就是著名的"波士顿倾茶事件"。

这次因咖啡与茶叶之争导致的倾茶事件，成为美国独立战争的导火索。自此，北美的欧洲移民为抵抗英国统治，拒喝英国茶，改喝咖啡，咖啡成为象征爱国的饮料，美国人从此以咖啡作为主要的饮品，而绿龙咖啡馆也成为美国独立运动人士最常光顾的场所。独立后的美国民众，更是为了表达爱国情操而拒绝喝茶转而饮用咖啡，咖啡的销量空前暴涨，咖啡馆的生意也空前红火，独立战争的领袖们更是经常聚集在波士顿的咖啡馆里指点江山、策划革命。

回顾总结

通过对模块一的学习，我们初步了解了咖啡的起源，认识了咖啡传播的基本路线，了解了一些咖啡的逸闻趣事。总体来讲，通过本单元的学习，对咖啡有了基本的印象，这将为我们后续课程的学习尊定一个初步的基础。

技能训练

1. 尝试在世界地图上画出咖啡的传播路线。
2. 试口述有关咖啡的趣闻。
3. 利用各种渠道，丰富、补充咖啡方面的趣闻轶事。

练习题训练

材料分析题

阅读下列材料，回答问题。

材料一：巴西是世界上咖啡产量最高的国家，占世界咖啡贸易量的30%，其中咖啡出口中咖啡豆占85%，而速溶咖啡所占比重很小。

材料二：据资料显示，咖啡适宜生长的温度介于15～25℃之间；适宜年降雨量为1 500～2 000毫米，且降雨时间要配合咖啡树的开花周期；理想的种植地海拔高度为500～2 000米。

材料三：巴西利亚（15.5°S，47.5°W；海拔1 160米）的气温降水资料如表1－2所示。

表1－2　巴西利亚的气温、降水量

月份	1	2	3	4	5	6	7	8	9	10	11	12
气温（℃）	21.5	21.8	22	21.4	20.2	22	20.1	21.2	21.5	22.1	21.7	21.5
降水量（mm）	241	215	189	124	39	9	12	13	52	172	238	249

材料四：南美洲局部地区概况如图1－6所示。

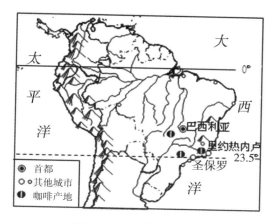

图1-6 南美洲局部地区

（1）巴西城市主要集中分布在该国的_____，主要原因是_____。

（2）巴西利亚1月份和7月份降水有明显差异，试从气压带、风带的移动规律分析该现象产生的原因。

（3）根据材料简析巴西咖啡种植有利的自然条件。

（4）为促进巴西咖啡产业的进一步发展，需要采取哪些具体措施？

模块二

咖啡豆的品种

学习目标

1. 了解不同种类的咖啡豆
2. 认识世界三大咖啡豆的生长环境、历史起源和衍生品

　　棕黑是我的颜色、椭圆是我的外观、焦苦是我的味道。我，就是咖啡豆，我有很多的兄弟姐妹，它们有很多是明星，如蓝山、曼特宁、摩卡……想认识它们吗？那就跟随我一起走进咖啡豆的神秘之地，开启我们的魔豆之旅吧！

任务一　认识阿拉比卡咖啡豆

● **任务目标**

1. 了解阿拉比卡咖啡豆的生长环境
2. 学习阿拉比卡咖啡豆的历史起源
3. 了解阿拉比卡咖啡豆的衍生品

● **任务情景**

　　小王同学终于从众多的网站和书籍中认识了咖啡，懂得了咖啡其实是由咖啡豆经过复杂的工艺处理后烘焙、泡煮而来的，而且每一种咖啡豆所蕴含的咖啡风味也有很大的区别。"阿拉比卡咖啡豆"是小王经常看到的一个描述咖啡的词，究竟阿拉比卡咖啡豆长什么模样、有何历史渊源呢？让我们来一探究竟吧。

● **任务内容**

阿拉比卡种

　　阿拉比卡（Coffee Arabica）种，茜草科咖啡属，叶子呈椭圆形、深绿色，果实也呈椭圆形，一般有两棵略微扁平的豆子，豆身小而浑圆，正面呈长椭圆形，中间裂纹窄而弯曲，呈S形，豆子背面的圆弧形较平整，是最传统的阿拉伯咖啡品种。原产于东非，在 15 世纪以前，咖啡长期被阿拉伯世界所垄断，因此被欧洲人称为"阿拉伯咖啡"。阿拉比卡咖啡树多生

图 2 - 1　阿拉比卡咖啡果

长在海拔 600 ~ 2 200 米的高度之间；较耐寒，主要产地为南美洲（阿根廷和巴西部分区域除外）、中美洲各国、非洲（肯尼亚、衣索比卡等地，主要是东非）、亚洲（包括也门、印度、巴布亚新几内亚的部分区域，中国的云南、海南、台湾地区）。

广为人知的蓝山咖啡、曼特宁咖啡等就是用阿拉比卡咖啡豆制作而成的。阿拉比卡咖啡树，是世界上最主要的咖啡树种之一。

1. 主要品种

阿拉比卡种的原产地是埃塞俄比亚的阿比西尼亚高原（即现在的埃塞俄比亚高原），初期主要被当作药物来使用，13 世纪人们开始对它进行烘焙并饮用，16 世纪经由阿拉伯地区传入欧洲，进而成为全世界人们共同喜爱的饮料。

2. 主要亚种

阿拉比卡种还有很多亚种，主要由埃塞俄比亚的铁毕卡和也门的波旁移植于中南美洲或亚洲的变种衍生而来。比如种植于中美洲的缇可、矮株圣雷蒙，中南美洲诸国的卡杜拉、卡杜艾、新世界，牙买加的蓝山，印度尼西亚的曼特宁等都是阿拉比卡种的变种。埃塞俄比亚是阿拉比卡种的基因宝库，据埃塞俄比亚政府统计：埃塞俄比亚境内约有 2 000 种阿拉比卡咖啡树。

3. 衍生品种

由阿拉比卡种衍生出来的主要品种有铁毕卡、波旁等原生品种。

（1）铁毕卡：铁毕卡是埃塞俄比亚最古老的阿拉比卡原生品种。铁毕卡豆身较大，呈椭圆或瘦尖形，顶叶为古铜色。铁毕卡属于风味优雅的古老咖啡，但是其咖啡树体质较弱，不耐叶锈病，产果量少，经济效益欠佳。其种植范围也越来越窄，有逐渐被咖啡农抛弃之势。铁毕卡的独特风味虽然不及波旁等品种，但是铁毕卡的衍生品种如曼特宁、蓝山、科纳、云南小圆豆等却展现出旺盛的生命力。

（2）波旁：波旁是阿拉比卡种之中古老的优良品种。其豆呈圆形，也有变种呈尖形。波旁圆身豆有着旺盛的生命力，对叶锈病有着较强的抵抗力，而且风味俱佳。圆身波旁主要生长在巴西、萨尔瓦多和危地马拉，适合种植在海拔 1 200 米以上的地区，此处结出的咖啡豆风味明显优于 1 000 米以下的地区，虽然产量可观，但此树结果一年就要休息一年，而且需要有遮阴树为其阻挡烈日，否则难以生长。

（3）卡杜拉：卡杜拉属于波旁的一个基因变种，是阿拉比卡种的孙子辈，其于 20 世纪 50 年代在巴西被发现。卡杜拉抗病能力及产量皆优于波旁，且植株较矮，便于采摘，但此树也是结果一年就要休息一年。其风味与波旁不相上下，主要特点是适应能力强，不需要遮阴树。目前已成为巴西和哥伦比亚当局大力推广的品种。卡杜拉最适合栽植于海拔 700～1 700 米的地区，海拔适应能力很强。所处海拔越高，风味愈佳，但产量却相对减少。

（4）卡杜艾：卡杜艾是阿拉比卡种的混血品种，是卡杜拉与新世界（波旁与苏门答腊铁毕卡的杂交品种），继承了卡杜拉树身低矮的优势，且结果扎实，不易被强风吹落。弥补了阿拉比卡种弱不禁风的缺陷，但是其风味较之卡杜拉则有点单调。卡杜艾有红果和黄果之分。卡杜拉、卡杜艾、新世界和波旁并列为巴西四大主力品种。

（5）象豆：象豆体形比一般阿拉比卡咖啡豆至少大三倍，是世界上最大的咖啡豆，于 1870 年在巴西东北部巴伊亚州的马

图 2 - 2　咖啡的花、叶、果实

拉戈日皮地区被发现。在危地马拉、哥伦比亚和多米尼加有少量栽植，比较适合在 700～800 米的低海拔地区生长，但风味较为一般，无甚特色，略带土腥味。若在 1 000 米以上的海拔地区种植，则风味较佳，酸味温和，香甜宜人，但产量较低。

4. 主要分布区域

阿拉比卡种对于环境变化十分敏感，只有在一个非常狭窄的温度区间内方能生存。阿拉比卡咖啡树多生长在海拔 600～2 200 米的高度；较耐寒，适宜的生长温度为 15～24℃；需较大的湿度，年降雨量不少于 1 500 毫升，同时对栽培技术和条件也有较高的要求。阿拉比卡咖啡豆现在的主要产地为南美洲（阿根廷及巴西部分区域除外）、中美洲各国、非洲（肯尼亚、衣索比卡等地，主要是东非）、亚洲（包括也门、印度、巴布亚新几内亚的部分区域），中国的云南、海南、台湾地区也种植少量的阿拉比卡咖啡豆。虽然阿拉比卡种已经在许多国家被批准进行商业化种植，但野生的阿拉比卡种却只在埃塞俄比亚南部高地和邻国南苏丹的少量地区生长，其生存状况极其恶劣。

5. 口感特征

阿拉比卡咖啡豆制成的咖啡比其他商业化种植的咖啡品种质量更高（如罗布斯塔种），而且口味也不同。此外，该种咖啡豆中的咖啡因含量也较低。该种咖

啡传统的炮制方法是：人工采收咖啡浆果，当天去皮，并将人工挑选过的咖啡豆烘焙之后，现磨现煮，再搭配鲜奶，不要使用一般市面上的奶精，可使咖啡特别顺口浓郁。阿拉比卡咖啡主要有以下特征：①气味浓郁；②没有苦涩味；③咖啡油含量适中；④酸度较高；⑤咖啡因含量是罗布斯塔咖啡的30%~40%。

6. 主要亚种

阿拉比卡种的主要亚种为：铁皮卡（Typica）；摩卡（Mokha）；堤柯（Tico）；肯特（Kent）；圣瑞蒙（San Ramon）；蓝山（Blue Mountain）；阿马雷欧（Amarello）；蒙度纽佛（Mondo Nuevo）；卡堤拉（Cauttra）；维拉罗伯（Villalobos）——为波旁混种突变，豆型较大；瑰夏（Geisha）——为波旁混种突变，豆型较大；维拉萨琪（Villa Sarchi）——为波旁混种突变，豆型较大；加尼卡（Garnica）——为巴西混种；米比瑞日（Mibirizi）等。

● 回顾总结

本节我们主要学习了阿拉比卡咖啡豆的生长环境、特性风味和主要的变种，并对咖啡界的主力品种有了初步的了解。

● 技能训练

1. 搜集阿拉比卡咖啡豆的图片，并发送到任课教师的电子邮箱。
2. 区分不同品种之间的细微差别。

● 知识链接

世界上最古老的咖啡：也门摩卡咖啡

摩卡咖啡是世界上最古老的咖啡，它所散发出来的味道是一以贯之的古老和醇厚。渊源久远的摩卡咖啡，是咖啡的代名词，其独特的香味与酸味，深深吸引着不少咖啡爱好者。

有人说，咖啡中，蓝山可以称王，摩卡可以称后。摩卡咖啡拥有全世界最独特、最丰富、最令人着迷的复杂气味，如红酒香、狂野味、干果味、蓝莓味、葡萄味、肉桂味、烟草味、甜香料味、原木味，甚至是巧克力味……摩卡咖啡口感特殊，层次多变，像足了女人的心情，慢慢品尝时你所能体验到的感受从头至尾都不会重复，变化不断，越品越如同品饮一杯红酒。有人就曾这样说过，如果说墨西哥咖啡可以被比作干白葡萄酒，那么也门摩卡就是波尔多葡萄酒。

图 2-3　摩卡咖啡豆

图 2-4　蓝山咖啡豆

历史学家乌克斯在他最权威的著作《咖啡天下事》中写道："许多年以来，也门摩卡咖啡被认为是全世界人们可以得到的最好的咖啡，它味道独特、芬芳浓郁、有酸味，同时还有与众不同的辛辣味。"也门摩卡的口味特点比较鲜明，它酸味较强，而且有明显的巧克力的味道，咖啡越浓，巧克力的味道就越容易被品尝出来。自然而然地，在咖啡中加入热巧克力制成花式摩卡咖啡会让人们更能体会摩卡的独特口味。

也门是世界上第一个把咖啡作为农作物进行大规模生产的国度，时至今日，也门的咖啡农仍然使用与 500 年前相同的方法生产咖啡。一些咖啡农仍然使用动物（如骆驼、驴子）作为石磨动力来源，与那些使用先进机械设备大量处理咖啡豆的中南美洲国家，甚至咖啡历史浅短的肯尼亚相比，也门摩卡是咖啡世界仅存的活古迹。所以，你今天所喝到的也门摩卡咖啡，与数百年前那些欧洲贵族商人们，在意大利威尼斯圣马可广场上欧陆最古老的咖啡馆里啜饮享受的"阿拉伯咖啡"，基本上并没有太大的差异。

摩卡的起源

公元 575 年，第一颗咖啡豆远离故乡：埃塞俄比亚的咖啡豆在红海对岸的也门生根，从此开启了全世界的咖啡事业——摩卡咖啡。

到底何谓"摩卡"？

这个问题的答案有很多种，有人说摩卡是某个产地的名称；而在某些人的印象里，摩卡又是甜甜的巧克力咖啡。事实上，正宗的摩卡咖啡只生产于阿拉伯半岛西南方的也门共和国，咖啡树生长在海拔900～2 400米陡峭的山侧地带。摩卡咖啡也是世界上最古老的咖啡，甚至可以怀疑，牧童卡迪的那群羊吃到的红色咖啡豆会不会就是摩卡咖啡？依照故事发生的地点和时间，这个可能性是很大的。

距今400多年前，也门就以古老的方式生产咖啡。17世纪初，第一批销售到欧洲的也门咖啡经由古老的小港口——摩卡港出口，欧洲人对此惊叹不已，于是便把从摩卡港运来的美味咖啡称作"摩卡咖啡"，这就是"摩卡咖啡"称谓的由来。

隔着红海相望的邻国埃塞俄比亚也借道摩卡港外销咖啡，因此经埃塞俄比亚日晒处理的咖啡也经常被称为摩卡（如哈拉尔摩卡，Ethiopia Harar Mokha）。如今摩卡旧港因为泥沙淤积早已废弃（今日地名为AlMakha），改由西北方的荷台达港（Hodeida）出口，然而人们早已习惯"摩卡"名号，因为"摩卡"之名已经响彻云霄。

深焙的也门咖啡时常有巧克力般的苦甜韵味，现在市场上加入巧克力酱调味的花式咖啡也被冠上"摩卡"一词。因此，当你看到"摩卡咖啡"四个字时，指的可能是纯种也门咖啡，或者是邻国埃塞俄比亚咖啡，或者是单纯地表示加入巧克力酱调味的花式咖啡。无论如何，对于挑嘴的咖啡饕客而言，只有真正的也门咖啡，才够资格被称作"摩卡咖啡"。

值得一提的是，如同摩卡有许多种含义，摩卡的英文翻译也有各式拼写方法，如Moka、Moca、Mocca都是常见的拼法。不过，在也门，摩卡咖啡的麻袋与文件上还有这样四种拼写法：Mokha、Makha、Morkha、Mukha，尽管拼写不同，但它们所代表的意思都是一样的。

也门摩卡是世界咖啡贸易的鼻祖，对于把美味的咖啡推广到全世界功不可没。17世纪被称为"阿拉伯咖啡（Arabia）"（这也是后来"阿拉比卡种"名称的由来）经由也门摩卡漂洋过海来到了意大利等欧洲天主教国家，在此后超过150年的时间里，也门一直是唯一销至欧洲的咖啡的产地。

图 2-5　摩卡港

　　在古老的年代，保守的天主教国家里，超乎寻常美好的事物往往被认为是邪恶的，这一度让咖啡背负着莫须有的罪名。直到爱喝咖啡的梵蒂冈教宗宣布咖啡是天主教的饮料，能够赐福给喝咖啡的人，咖啡才开始在欧洲广受欢迎。埃塞俄比亚虽是世界上最早发现咖啡的国家，然而让咖啡发扬光大的却是也门。如今，在也门的国徽上，仍有咖啡的痕迹。也门的国徽由鹰和国旗组成。鹰象征着力量，鹰胸前的盾面上绘有著名古迹马里卜水坝和咖啡树。绶带上用阿拉伯文书写着"也门共和国"的字样。

　　也门咖啡在国际市场上的价格一直不低，这主要是因为也门咖啡在流行喝"土耳其咖啡"的国家和地区非常受欢迎。在沙特阿拉伯，也门摩卡备受宠爱，以至于那里的人们宁愿为质量不太高的摩卡咖啡付出昂贵的价格。人们这种对摩卡的特别喜爱使得摩卡咖啡在世界咖啡市场的价格一直居高不下。

　　今天，摩卡咖啡早为人们耳熟能详，可又有多少人知道 18 世纪以前那个船来船往的繁华港口和今天的摩卡咖啡会有如此的渊源。

咖啡侠客
——曼特宁

　　曼特宁是生长在海拔 750～1 500 米高原山地的上等咖啡豆，寓意着一种坚韧不拔和拿得起、放得下的伟岸精神。曼特宁咖啡喝起来有种痛快淋漓、恣意汪洋、驰骋江湖的感觉。

曼特宁跳跃的微酸混合着最浓郁的香味，凭借卓尔不凡的口感迷惑了许多追求者。

17世纪，荷兰人把阿拉比卡树苗第一次引入锡兰（即今天的斯里兰卡）和印度尼西亚。1877年，一次大规模的灾难袭击印尼诸岛，咖啡叶锈病击垮了几乎全部的咖啡树，人们不得不放弃已经经营多年的阿拉比卡咖啡树，而从非洲引进了抗病能力强的罗布斯塔咖啡树。

图2-6　曼特宁咖啡豆

今天的印度尼西亚是个咖啡产量大国。咖啡的产地主要在爪哇、苏门答腊和苏拉威，罗布斯塔种占总产量的90%。而苏门答腊曼特宁则是稀少的阿拉比卡种。这些树被种植在海拔750~1 500米的山坡上，神秘而独特的苏门答腊种赋予了曼特宁咖啡香气浓郁、口感丰厚、味道强烈、略带巧克力味和糖浆味的特质。

曼特宁咖啡豆颗粒较大，豆质较硬，栽种过程中很容易出现瑕疵，采收后通常要经过严格的人工挑选，如果管控过程不够严格，很容易造成咖啡豆的品质良莠不齐，加上烘焙程度不同也会直接影响口感，因此成为争议较多的单品。曼特宁口味浓重，带有浓郁的醇度和馥郁而活泼的动感，不涩不酸，醇度、苦度可以表露无遗。

曼特宁咖啡豆的外表可以说是最丑陋的，但是咖啡迷们说苏门答腊曼特宁咖啡豆越不好看，味道就越好、越醇、越滑。曼特宁咖啡被认为是世界上最醇厚的咖啡，在品尝曼特宁咖啡的时候，你能在舌尖感觉到明显的润滑，它同时又有较低的酸度，但是这种酸度也能让品尝者明显地感觉到，跳跃的微酸混合着最浓郁的香味，让人轻易就能体会到温和馥郁中的活泼因子。除此之外，这种咖啡还有一种淡淡的泥土的芳香，也有人将这种芳香形容为草本植物的芳香。

亚洲咖啡最著名的产地要数马来群岛的各个岛屿：苏门答腊岛、爪哇岛、加里曼岛。其中印度尼西亚的苏门答腊岛产的苏门答腊曼特宁咖啡最咖负盛名，它有两个著名的品名——苏门答腊曼特宁 DP 一等和典藏苏门答腊曼特宁。苏门答腊曼特宁 DP 一等余味长，有一种山野的芬芳，那是原始森林里特有的泥土的味道。除了印尼咖啡特有的醇厚味道以外，还有一种苦中带甜的味道，有时还掺杂少许淡淡的霉味，深受喜欢喝高浓度烘焙咖啡人士的喜爱；典藏苏门答腊曼特宁咖啡之所以被称为"典藏"，是因为它在出口前在地窖中储藏了三年。但典藏咖啡绝不是陈旧的咖啡，而是通过特殊处理的颜色略微苍白的咖啡味道更浓郁，酸度会降低，但是醇度会上升，余韵也会更悠长，还会带上浓浓的香料味道，有时是辛酸味，有时是胡桃味，有时是巧克力味。

在蓝山咖啡还未被发现之前，曼特宁曾被视为咖啡中的极品。非常有趣的一点是，虽然印度尼西亚出产世界上最醇美的咖啡，而印尼人却偏爱土耳其风格的咖啡。其实曼特宁的醇厚，是一种很阳刚的感觉。曼特宁咖啡酸味适度，带有极重的浓香味，口味较苦，有浓郁的醇度。在曼特宁咖啡面前，爪哇咖啡的酸度和香味就略显逊色了，曼特宁咖啡给人的感觉是敢于决斗的，很有美国西部牛仔的气概。

巴西波旁山度士咖啡

巴西是一片富饶而美丽的土地，东部临大西洋，海岸线长 7 400 多米，西部是著名的安第斯山脉。巴西也是世界上最大的咖啡生产国，素有"咖啡王国"之称。巴西被形象地比喻为咖啡世界的"巨人"和"君主"。

图 2-7　巴西全境

　　巴西的咖啡是 1729 年从法属圭亚那引进的。最初咖啡种植在北部地区，但是咖啡树的生长状况并不好，直到 1774 年，由一位比利时传教士在巴西南部气候更温暖湿润的里约地区种植咖啡，才最终获得成功。至今，里约也是巴西咖啡重要的产地之一。巴西种植了很多种类的咖啡，其中大部分质量等级并不高，但是，也有一些世界著名的单品，巴西波旁山度士咖啡就是其中之一。这个看起来复杂的名字概括了这种咖啡的历史。

　　"巴西波旁山度士"中的"波旁"来自于阿拉比卡种的一个亚种——波旁。波旁岛，也就是现在的留尼旺岛，曾经是阿拉比卡咖啡的繁盛之地，产于该岛的阿拉比卡咖啡树被引种到世界各地，巴西波旁山度士就是它们的后代。"山度士"来自山度士港，这是巴西东南部大西洋上的一个港口。从山度士港出口的咖啡，有来自不同产区的巴西咖啡，质量比较有保障的是来自于圣保罗、巴拉纳州和米纳斯吉拉斯州南部的咖啡，其中米纳斯吉拉斯州出产的山度士咖啡质量最好。

　　在巴西，由于咖啡种植面积实在是太大了，机械化生产程度也比较高，因此人们经常将成熟和青涩的果实混杂在一起收获，而且通常没有分拣的过程，有时咖啡果实中会混有咖啡树的枝叶。不仅如此，巴西咖啡豆采用晒干法来进行处理，农民们将成熟度不同的咖啡豆放在一起，在阳光下暴晒，这样，咖啡豆一开始就掺杂了土壤和各种杂质的味道，有时候过熟的和腐烂的咖啡果实，也会影响咖啡豆的风味。

　　巴西波旁山度士咖啡并没有特别出众的优点，但是也没有明显的缺憾。这种咖啡的口味温和而滑润，酸度低，醇度适中，有淡淡的甜味。这些味道混合在一起，要想将它们一一分辨出来，那可是对味蕾的最好考验，这也是许多波旁山度士迷们爱好这种咖啡的原因。正因为是如此的温和和普通，所以波旁山度士咖啡采用的是最普通的烘焙方法，以及最大众化的冲泡方法。同时，平凡无奇的它也是制作意大利浓缩咖啡和各种花式咖啡最好的原料。波旁山度士咖啡能在意大利浓缩咖啡的表面形成金黄色的泡沫，并使咖啡带有微甜的口味。

　　在巴西咖啡中，波旁山度士咖啡是最受人们喜爱，也是最为出名的一种。它就像是一位外表低调、神情淡漠，但内心充满激情，脑中满是智慧的朋友，未必会给你带来浓烈得化不开的感觉，却似有似无地，在你需要的时候，陪伴在你身边。

任务二
认识罗布斯塔咖啡豆与利比里亚咖啡豆

● **任务目标**

1. 了解罗布斯塔咖啡豆与利比里亚咖啡豆的生长环境
2. 掌握罗布斯塔咖啡豆与利比里亚咖啡豆的历史起源
3. 了解罗布斯塔咖啡豆与利比里亚咖啡豆的衍生品

● **任务内容**

一、罗布斯塔种

图 2-8　罗布斯塔咖啡豆

罗布斯塔种（Coffee Robusta Linden，部分翻译为罗伯斯塔种），是世界上最主要的咖啡树品种之一。在非洲刚果发现的耐叶锈病品种，较阿拉比卡种有更强的抗病力。

1898 年，比利时刚果殖民地的 Emil Laurent 发现了咖啡的新品种，随即被布鲁塞尔的一家园艺公司接手，将它称作"罗布斯塔"，并推广种植。20 世纪初，爪哇岛的咖啡树遭到叶锈病的侵害，损失惨重。荷兰人于 1902 年从布鲁塞尔引进新品种到爪哇岛种植，时至今日，该地区几乎为罗布斯塔种所覆盖，成为世界上最大的罗布斯塔咖啡豆供应国。

1. 简介

一般咖啡市场上，很多人都喜欢将罗布斯塔种和阿拉比卡咖啡豆相提并论，这是不正确的。事实上罗布斯塔种原是刚果种（Coffee Canephora）的突变品种，和阿拉比卡种相提并论的应该是刚果种。然而时至今日，罗布斯塔种虽已为大众所常用，而大众却不知其是刚果种的变异种类。

2. 生长环境

阿拉比卡种生长在热带地区较冷的高海拔地区，而不适合阿拉比卡种生长的高温低海拔地带，就是罗布斯塔种的天地了。罗布斯塔种多种植在海拔 200 ～ 600 米的低地，喜欢温暖的气候，适宜温度为 24 ～ 29℃，对降雨量的要求并不高，但是，该品种要靠昆虫或风力传播花粉，所以，咖啡从授粉到结果需要9 ～ 11 个月的时间，相对阿拉比卡种要长。

3. 特点

罗布斯塔种的咖啡树是一种介于灌木和高大乔木之间的树种，叶片较长，颜色亮绿，树最高可达 10 米，但树根却很浅，果实比阿拉比卡咖啡豆略圆，也略小，豆身扁圆，中间坑纹直。

罗布斯塔种有独特的香味（被称为"罗布味"），有些人认为是霉臭味与苦味，如果取 2% ～3% 的比例混合到其他咖啡里，那整杯咖啡咖就都成了罗布味，因此，罗布斯塔咖啡豆是不可以作为单品咖啡豆使用的。它的风味是如此鲜明强烈，不过若想直接品尝它恐怕得先有心理准备。一般情况下，罗布斯塔咖啡被用于即溶咖啡（其萃取出的咖啡液的量大约是阿拉比卡种的两倍）、罐装咖啡、液体咖啡等工业生产咖啡上。其咖啡因的含量远高于阿拉比卡种，大约为 3.2%。

4. 发展状况

罗布斯塔种的产量占咖啡豆总产量的25% ～35%，其主要生产国为印度尼西亚（其出产的咖啡豆中有一个品种是经过水洗法加工的，这个品种是罗布斯塔种与阿拉比卡种的杂交品种，是中国市场上唯一一种可以用作单品饮用的罗布斯塔咖啡豆）、越南、非洲（以象牙海岸、奈及利亚、安哥拉为中心的西非诸国），近年来越南更致力于咖啡生产，并将其列入国家政策中（越南也生产少量的阿拉比卡咖啡豆）。

罗布斯塔种主要生长在低海拔的高温地区，单位产量较高，而且种植两年即可采摘，又能抵抗叶锈病的侵害，在此方面，阿拉比卡种则稍逊几分。但是罗布斯塔咖啡豆的风味却不及阿拉比卡咖啡豆，罗布斯塔咖啡口感苦涩，有一股霉味，只宜做低级咖啡，或与其他咖啡豆混合使用，只有极少数优良的罗布斯塔咖啡豆被列为精选咖啡。

法国人使用深度烘焙，将豆子烤焦，以便掩盖罗布斯塔种的怪味，因此形成了特有的法式烘焙；意大利人则喜欢用罗布斯塔种制作混合的浓缩咖啡，以提高咖啡因的纯度，制作出风味独特的意式浓缩咖啡，有时，罗布斯塔咖啡豆所占的比重甚至高达50%。1954年，美国自科特迪瓦引进首批21.5万袋的罗布斯塔咖啡豆，但其价格很低，只有57美分，相比阿拉比卡咖啡豆便宜很多。而此时正值商业咖啡的兴盛时期，许多业者掺入大量的罗布斯塔咖啡豆，且比重逐年提高，一度达到30%~50%。由于罗布斯塔咖啡豆的咖啡因含量较高，是迅速开发商业市场的重要着眼点，随着速溶咖啡的问世及风靡，业者为获高利，逐渐开始加大罗布斯塔咖啡豆的比重，此豆的需求量一度非常旺盛。

二、 利比里亚种

利比里亚咖啡树的产地为非洲的利比里亚，它的栽培历史比其他两大咖啡树——埃塞俄比亚的阿拉比卡咖啡树和罗布斯塔咖啡树短，所以栽种的地方仅限于利比里亚、苏里南、圭亚那等少数几个地方，进而产量占全世界咖啡总产量的比重不到5%。利比里亚咖啡树适合种植于低地，所产的咖啡豆具有极浓的香味及苦味。

图2-9　利比里亚咖啡豆

利比里亚咖啡树是原产于非洲利比里亚的一种灌木或小乔木；主根粗长，叶对生，叶厚革质，大型，长卵形；每年3月，枝条就会冒出洁白的花朵，花瓣呈螺旋排列，花心围绕花瓣跳跃。利比里亚咖啡树结果少，一般一节只结3~6个果实，但是其果实大，成熟时呈淡红色，果皮和果肉硬而厚，发出阵阵茉莉花的清香。果实为核果，直径约为1.5厘米，最初呈绿色，后渐渐变黄，成熟后转为红色，此时即可采收。

　　利比里亚咖啡树属茜草科常绿树植物树，是热带性植物，不耐寒，大多生长于标高 300～400 米的地区，利比里亚咖啡树也有在标高 2 000～2 500 米的高地栽培，其中海拔 1 500 米以上的山坡所栽种者品质较好，利比里亚咖啡树最适合生长在平均温度在 20℃ 左右的地区。

　　药用价值：利比里亚咖啡豆甘、温、无毒，含咖啡因、咖啡酸、糖类、脂肪油。有兴奋、强心、利尿利用，用于酒醉不醒、慢性支气管炎、肺气肿、肺源性心脏病等。

● 回顾总结

　　本节我们主要学习了罗布斯塔咖啡豆与利比里亚咖啡豆的生长环境、特性风味和主要的变种，对咖啡界的主力品种有了初步了解。

● 技能训练

　　1. 搜集阿拉比卡咖啡豆、罗布斯塔咖啡豆、利比里亚咖啡豆的图片，并发送到任课教师的电子邮箱。

　　2. 区分不同品种之间的细微差别。

● 练习题训练

单项选择题

　　1. 全球咖啡的三大原生种是（　　　）、刚果种（罗布斯塔）、利比里亚种。

　　A. 波旁种　　　　　B. 摩卡种　　　　C. 阿拉比卡种　　　D. 蒂皮卡种

　　2. 下列描述正确的是（　　　）。

　　A. 蓝山咖啡生产于哥伦比亚

　　B. 速溶咖啡的咖啡因含量低于现磨现煮的咖啡

　　C. 咖啡的咖啡因是一种轻度的兴奋剂，有提神、促进血循环、促进新陈代谢等作用

　　D. 曼特宁咖啡是意式咖啡的一种

　　3. 咖啡生长带是指在（　　　）的区域。

　　A. 南北纬 15 度之间　　　　　B. 南北纬 25 度之间

　　C. 南纬 10～35 度之间　　　　D. 北纬 10～35 度之间

4. 世界咖啡消费第一大国是（　　）。

A. 巴西　　　　　B. 哥伦比亚　　　C. 美国　　　　　　D. 土耳其

5. 下列哪个地区不生产咖啡？（　　）

A. 南美洲　　　　B. 欧洲　　　　　C. 中美洲　　　　　D. 亚洲

6. 巴西咖啡豆的产量占全世界的（　　）。

A. 1/2　　　　　B. 1/3　　　　　C. 1/4　　　　　　D. 1/5

7. 以下选项中，不种植咖啡的国家是（　　）。

A. 美国　　　　　B. 日本　　　　　C. 安哥拉　　　　　D. 印度尼西亚

8. 云南咖啡的商业化种植始于（　　）年。

A. 1960　　　　　B. 1975　　　　　C. 1980　　　　　　D. 1985

模块三

咖啡种植及加工

学习目标

1. 了解咖啡的种植
2. 认识咖啡豆的水洗加工过程
3. 熟悉咖啡豆的干燥加工过程
4. 掌握咖啡豆的筛选和品级鉴定

　　美味的咖啡源于像红宝石一般的咖啡豆，而咖啡豆的产生又离不开对咖啡树的精心培育，究竟咖啡树的生长、咖啡豆的采摘加工与咖啡有着怎样千丝万缕的联系呢？让我们一起走进咖啡种植和加工的天地去一探究竟吧！

任务一 种植咖啡

● **任务目标**

1. 了解咖啡树生产的环境
2. 熟悉咖啡树的培育和咖啡豆的采摘

● **任务描述**

咖啡树在世界上 60 多个国家都有种植，其主要的品种及独特风味是根据其产地划分标示的。你知道咖啡是如何种植、开花、结果，如何成为商品出口到世界各地的吗？下面就让我们一起来探知咖啡的生长过程吧！

● **任务内容**

一、 咖啡的种植

咖啡是世界上美元交易量仅次于石油的产品。世界上每年交易的生咖啡豆价值 140 亿美元。咖啡树适合生长在热带与亚热带气候区（位于南北回归线之间），由于亚洲、美洲与非洲均有种植，形成围绕

图 3-1　世界咖啡种植带

地球的环状地带，故有"咖啡腰带"（Coffee Belt）的雅称。

"咖啡腰带"，也就是南北回归线之间是最适合咖啡生长的地区，常年的平均气温在20℃以上。这些地区多砂质土壤，而且光照充足、雨量丰沛，适合咖啡种植。世界上的五大咖啡种植带——南美洲、中美洲、亚洲、非洲以及几个咖啡种植岛（包括夏威夷和牙买加），均位于热带和亚热带地区，那里的气候炎热而湿润。咖啡生产国就分布在这些区域内，它们每年为世界供应910万袋咖啡，平均每袋咖啡的重量约为60千克。咖啡生产国的供应量情况如下：

- 南美洲和中美洲的咖啡供应量约占世界咖啡供应量的70%；
- 亚洲和非洲的咖啡供应量约占世界咖啡供应量的20%；
- 咖啡种植岛的咖啡供应量（包括夏威夷和牙买加）占世界咖啡供应量的10%；
- 在世界咖啡市场中，阿拉比卡咖啡豆占据了市场份额的75%～80%，罗布斯塔咖啡豆占据了剩余的20%～25%。

但是高温、多湿、强光照也并非任何品种的咖啡树都能忍耐，比如说某些阿拉比卡咖啡树便不耐高温、多湿，往往种植在海拔较高的地区，如果光照过强，还需要进行遮阴处理，"雨林咖啡""阴植咖啡"便因此得名。

除气候外，地形是需要考察的第二大要素。咖啡树不宜生长在寒流通道上，开阔向南、冬季无霜和静风的山坡无疑是种植的首选。有时因为咖啡生长期较慢，山的背阴面也会成为好的选择。

土壤条件也至关重要。咖啡树属于浅根系植物，土壤富含有机质、水汽丰沛、排水通畅、土层深厚、呈弱酸性等都是适宜咖啡树生长的条件。危地马拉、巴西、哥伦比亚，以及美国夏威夷、牙买加蓝山、印度尼西亚爪哇、中国云南等地能成为优秀的咖啡产区，都与拥有这类火山土壤或森林土壤有关。山顶和山脊通常不宜种植咖啡树。

经验丰富的咖啡园艺师在寻找适宜咖啡树生长的处所时，往往通过查看本地芒果、香蕉、橄榄等热带经济作物，以及车桑子、金合欢树等"指示植物"的生长状态来辅助完成。此外，随着"健康、环保、有机"等理念逐渐深入人心，还要对土壤的污染情况进行检测。

二、 咖啡豆的培育和加工

1. 培育

火山喷发过的地区的土壤中氮的含量较高，为咖啡树生长提供了最好的苗床。热带地区全年的温度保持在15～25℃，为咖啡树的生长提供了最佳的气候环境。将经过精心挑选的咖啡种子种在准备好的合适的苗床中，8周后纤细的幼苗钻出地面。1 年之后，幼小的咖啡树会被移植至咖啡种植区。幼小的咖啡树在头两年并不结果（咖啡果），但是，人们仍然需要精心地耕种、除草、修剪和不间断地灌溉，以保证咖啡树的正常生长。如果放任一棵野生咖啡树自由伸展，其可以长到 5～10 米不等，但一般农园都将咖啡树修剪至 2 米以下，这样既能使植株长得更加茂密，生长区域更加宽阔，也便于人们采摘果实。

图 3 - 2　咖啡幼苗和花

在第一次开花，并且结出咖啡果、生成咖啡豆之后，咖啡树开始了为期 15～20 年的多产期。每棵咖啡树每年的咖啡豆产量为 500～1 500 克。当咖啡树上一簇簇白色的小花盛开时，便会散发出橙子或茉莉花的味道，令人陶醉。

但是，咖啡树的花期很短，只能维持 2～3 天，所以看到满山的咖啡花也是很难得的。接下来不久树上便会结出一串串绿色的咖啡果，经过 6～9 个月，咖啡果将逐渐成熟，变为黄色、红色，最后变成深红色的美丽果实，人称"咖啡樱桃"，此时就可以采摘了。

图 3 - 3　咖啡果　　　　　图 3 - 4　新采摘的咖啡果

未成熟的咖啡果果肉有刺鼻的味道，太成熟的咖啡果果肉又会带有苦味，所以，我们平常喝的咖啡当然不是果肉，而是包裹在果肉里的咖啡豆。咖啡果是沿着咖啡树的分支一串一串生长的，咖啡果的外皮比较苦涩，但是外皮下面的果肉却有着强烈的甜葡萄的口感。咖啡果肉里是一层黏黏糊糊的如蜜糖般的保护层，其作用是保护咖啡豆，这个保护层就是羊皮纸膜了。为了保护两瓣绿色的咖啡豆，在羊皮纸膜里面又覆盖了一层薄膜，这层薄膜是贴在咖啡豆上的，被称为"银皮"。

一颗咖啡果柔软的黄色果肉中含有两颗种子，也就是"咖啡豆"。剥开咖啡果实，取出这两粒种子，浸水洗涤或晒干、脱壳，就成了生咖啡豆。将生咖啡豆烘焙后研磨成粉，就可以冲泡出一杯香醇的咖啡。

通常每年只有一个咖啡收获期，由于地理区域不同，咖啡果采摘的时间也不尽相同。咖啡果成熟后就必须尽快采摘。一般情况下，赤道以北（北半球）地区的收获期在 11 月至次年 3 月，赤道以南（南半球）则在 4 月至 5 月。

不是所有的咖啡豆都可以发芽，只有带着羊皮纸膜的咖啡种子才会发芽。我国中部地区也可以种植咖啡树，不过是在室内，而且只供观赏，几乎没有产量。

全裸的种子是不能发芽的，所以，播种时要选择带内果皮的种子。将种子播种到排水良好的土壤中，一般来说，3 ~ 5 年后开始开花结果，第 6 ~ 10 年会迎来咖啡豆收获的高峰期。

咖啡豆从播种至结果的全过程如下：

（1）播种：将果肉去除，内果皮为浅褐色。将内果皮的种子播种到苗床上。

（2）发芽：在湿度适宜、排水良好的肥沃土壤中培育咖啡苗。40 ~ 60 天后种子发芽、叶子张开，1 个月后可生长至 5 ~ 6 厘米。

（3）苗床培育：咖啡苗遇到强光会枯萎，因此在咖啡苗长到 40 ~ 50 厘米之前，要将其移植到盆中，并在遮阳的苗床中培育。

（4）移植到农场：咖啡苗长到 40 ~ 50 厘米后，将咖啡苗移植到农场中。近年来，咖啡的品种得到了改良，改良后的咖啡只需 2 年即可开花结果。

（5）开花：咖啡树的花呈白色，有甘甜的香气。花龄只有短短的 2 ~ 3 天。开花时，农园像被白雪覆盖一样，煞是好看。

（6）结果：花凋零后，数天内就会结果。刚开始果实呈绿色，手感硬。6 ~ 8 个月后果实开始膨胀，成熟后呈红色。

● **知识链接**

有机咖啡种植

有机咖啡就是在生长过程中不使用合成杀虫剂、除草剂或者化学肥料的咖啡。这些种植咖啡的方式，有利于维持一个健康的环境和保持地下水的纯净。咖啡收割之后，一定要由经过有机认证的烘焙工厂来对咖啡豆进行加工。有机咖啡采用的是在树荫下种植出的咖啡豆。虽然采用此方法种植的咖啡豆产量不高，但是其品质却可达到极品咖啡的水准。这是由于种植在能遮阴的树下可以减缓咖啡树的成熟速度，给予咖啡豆充分的成长时间，使其含有更多的天然成分、更上乘的口味与较少的咖啡因。

有机咖啡在栽培时并不使用任何的除虫剂以及其他化学药剂来治疗病虫害或栽培问题，而是使用天然的方法，例如使用天然堆肥、筑篱、修剪等方法来维护咖啡树之成长；在控制虫害方面使用纯天然的生物控制方法，例如种植防护树，以及利用其他各种自然的农作技术来确保咖啡树的健康。土地、水源以及自然生态环境的永续性是有机咖啡业者所积极关注的，有机高品质咖啡是天、地、人——天气、土壤、爱心的精华杰作，一棵咖啡树需要生长至少三年才能开花结果，一磅咖啡大约需要4 000颗咖啡豆，完全以人工采收，而每一棵咖啡树每年所收获的咖啡果只够生产一磅烘焙好的咖啡豆。这正好印证了物以稀为贵的道理。

遮蔽树

在植物的生长过程中，阳光是相当重要的条件之一。但是，咖啡树爱阳光又怕高温，所以光照时间不能太长，因此，咖啡园区通常也会种植其他较高的树种，用来遮挡炽热的阳光，人们一般将之称为"遮蔽树"。台湾南投县惠苏林场的咖啡园，以相思树作为遮蔽；危地马拉的咖啡产地则以香蕉树为遮蔽，无不因地制宜；夏威夷属于海岛型气候，每天下午经常会飘来一团乌云，然后下起一阵雨，这种自然的遮阴效果，成就了略带巧克力风味的科纳咖啡。另外，咖啡最怕霜害。在寒冷的季节里，遮蔽树可以阻挡高空冷气流下降，在树下形成一个保温层，使咖啡免受冷霜的侵害。

科学家虽已研究出不少可以无遮蔽种植的品种，以提高生产量，但是，由于单一种植容易破坏生态，引起病变；再加上种植遮蔽树可提供飞鸟与走兽所需的空间，便于它们栖息与迁徙，因此，自然环境保护主义者仍大力提倡种植遮蔽树。

在市场上，常有咖啡包装袋上标示着"Shaded Grown"（遮蔽生长）字样，表明这是来自健康环境的咖啡。由于遮蔽咖啡合乎自然的生长条件，有较好的质量，现在已是一种精选咖啡了。

图 3 - 5　南投县慧荪林场的咖啡园以相思树为遮蔽

2. 采摘

由于种植区域及咖啡树品种的不同，咖啡果的采摘期也不同。采摘期可能长达几个星期，并且需要耗费很多劳力。采摘咖啡果主要采用两种不同的方式——手工采摘和机器采摘，如图 3 - 6 所示。此外，还有搓枝法和摇树法。

手工采摘保证了收获的统一性和高质量。经过培训的采摘人员能够准确地将成熟的咖啡果一枚一枚地采摘下来。采摘人员必须一次次地回到咖啡树前，根据咖啡果的成熟度有选择地采摘。

机器采摘是那些种植面积广阔、劳动力成本较高的国家常采用的采摘方法。使用这种经济而节约劳力的方法，采摘速度自然会更快，但是，这样会收获很多质量不高的咖啡豆，因为未成熟的咖啡果和过度成熟的咖啡果会随同成熟的咖啡果一起被采摘下来。而且采用机器采摘的方法收获的咖啡果通常会夹杂很多杂物，比如树叶、石子等。咖啡果一旦被采摘，就会被运输到准备加工咖啡豆的地点。

图 3 - 6   人工采摘和机器采摘

因为咖啡树上的咖啡果不是在同一时间成熟的，如果把未熟的咖啡果摘下来与成熟的咖啡果混杂在一起，咖啡豆的品质将大打折扣。所以，一些注重咖啡品质的庄园，一般都会采用手工采摘的方法，虽然这样耗费了很多的人力，但是为了好的咖啡品质，这是必需的。但是对于庞大的咖啡种植园，手工采摘几乎是不可能的，像巴西、哥伦比亚这些咖啡种植业比较发达的国家，目前都使用机械采摘，在果实成熟期，使用机械在咖啡种植园作业，将成熟的咖啡果与少量未成熟的咖啡果收获在一起，然后通过机械把未成熟的咖啡果剔除。

● 知识链接

全球十大咖啡生产国

全球有将近70个国家生产、出口咖啡，但咖啡的产量和品质参差不齐。从国际咖啡组织（ICO）公布的"2010年全球咖啡产量"排名来看，巴西、越南、哥伦比亚、印度尼西亚、埃塞俄比亚、印度、墨西哥、危地马拉、洪都拉斯和秘鲁是排在前10位的国家。这十大生产国中，除了越南、印度尼西亚、印度属于亚洲，埃塞俄比亚属于非洲以外，其他6个席位均为南美洲和中北美洲地区的国家所占据，该地区在咖啡业内的重要地位可见一斑——提供了全世界70%的咖啡供应。

作为全世界最大的咖啡生产国——平原地区广袤的巴西生产咖啡的场景也非常壮观，机械化的大规模生产是大势所趋。巴西供应的豆子以罗布斯塔种以及经过干燥法和半水洗法加工的阿拉比卡种为主，品质良莠不齐，既有不少口碑卓越的精品咖啡，也有只适宜做罐装和速溶咖啡的低品质咖啡。

● 任务目标

1. 了解咖啡豆的特性
2. 熟悉水洗加工咖啡豆的流程

● 任务内容

为了向市场供应生咖啡豆，人们必须将刚刚从枝条上采摘下来的咖啡果中的咖啡豆剥离出来。除去咖啡果坚硬多汁的外果皮有两种方法——"水洗法"（Washing）和"日晒法"（Sun-Dry），这两种方法会使咖啡形成不同的风味。水洗法的豆子有不错的醇味、高度的香气和活泼的酸味；日晒法的豆子则有完整的自然醇味、温和的香气与较多的胶质。

醇味是浓缩咖啡（Espresso）的重要因素，会产生如酒般浓烈的香醇与清润的感觉，浓缩咖啡的爱好者可加重日晒法豆子的分量；水洗法的豆子干净如清澈的风铃，因杂味较少，适合滤泡式咖啡煮法。另外，水洗豆子有不错的酸味，是浓缩咖啡里甜味的来源。

因西印度群岛地区没有充分日照的条件，荷兰人在 1740 年前后引进"水洗法"，又称西印度群岛法，有别于传统的日晒法，即东印度群岛法。从爪哇出口的咖啡豆标示着"WIB"字样，就是"水洗豆"的意思。水洗法的处理步骤如下：

1. 选豆

将采收的果实放到装水的水槽里，浸泡约 24 小时。这时成熟的果实会沉下去，而未熟和过熟的果实会浮上来，可加以剔除。

2. 去除果肉

使用机器将果肉除去，只剩下包着内果皮的咖啡豆。这时，豆子的外面还有一层黏膜，水洗的过程就是要洗净这层黏膜。

3. 发酵

黏膜的附着力很强，并不容易去除，必须放在槽内约 18 ~ 36 小时，使其发酵，并分解黏膜。发酵的方式有两种，即湿式发酵和干式发酵，前者加水，后者不加水。发酵的过程中，种子与内部的果肉会产生特殊的变化，这是水洗法之中最影响风味的一个步骤。有些咖啡农会添加热水或酵素，以加快发酵的速度，这对质量会有负面的影响，并不受精选咖啡爱好者欢迎。

4. 水洗

使用水洗法的农场一定要建造水洗池，并能够引进源源不断的活水。处理时，将完成发酵的豆子放入池内，来回推移，利用豆子的摩擦与流水的力量将咖啡豆抛磨得光滑洁净。巴布亚新几内亚的 Sigri 农庄是著名的咖啡农庄，以采用独特的水洗法为傲，它们的发酵期维持在 3 天，每隔 24 小时用干净的水清洗一次，因此才能生产出相当好喝的 Sigri Coffee。

5. 干燥

经过水洗之后，咖啡豆还包在内果皮里，含水率达 50%，必须加以干燥，使含水率降到 12%，否则它们将继续发酵，变霉腐烂。较好的处理方法是使用阳光干燥，虽然得费时 1 ~ 3 个星期，不过，风味特佳，相当受欢迎。另外，有些地方使用机器干燥，大大缩短了处理时间，但风味不如阳光干燥的咖啡。

6. 脱壳

完成干燥的豆子便可放在仓库里储存，或者交给工厂进行脱壳，除去内果皮与银皮。

7. 挑选与分级

剔除瑕疵豆及杂物，并确保较佳的质量，再由出口商卖到世界各地。

采摘的果实，并不是马上就可以变成咖啡豆并作为商品来销售的。与种植咖啡一样，这一过程也需要花费许多精力。

干燥加工咖啡豆

● **任务目标**

1. 了解咖啡豆的特性
2. 熟悉日晒加工咖啡豆的流程

● **任务内容**

日晒法因使用自然阳光来干燥咖啡的果实和生豆，故又称"自然干燥法"（Nature Dry）。由于过程中使用人工和自然的处理方法，所以，干燥加工的咖啡豆子从外观上看来较不整齐，卖相并不讨好。不过，它的醇味与浓稠度却颇为一些专家所偏好。日晒法的处理步骤如下：

1. 选豆

将采收的果实放到装水的水槽里，成熟的果实会沉下去，而未熟和过熟的果实会浮上来，可加以剔除。

2. 干燥

将筛选的成熟果实放在广场上暴晒 5～6 天，直到果实充分干燥为止。这时，果实变成深褐色，含水率降到 13%。前面提到的 Sigri 农庄便是利用赤道炙热的太阳来晒干咖啡豆，也难怪它们出产的 Sigri Coffee 在精选咖啡市场上赢得那么多的赞美。如图3－7 所示为自然干

图 3－7 咖啡豆的自然干燥

燥时的情景，在干燥时，工人们需要不停地翻晒咖啡豆，才能使其晒得均匀，不至于产生斑点。经过这种方法加工出来的咖啡豆风味柔和，但瑕疵豆较多。

3. 脱壳

干燥之后的果皮变得易碎，容易脱落，便可用机器除去，企业化经营的农场通常自设脱壳工厂，小农庄则交由处理中心代为加工。

4. 挑选与分级

精致的农场会由人工或机器来辨识瑕疵豆及杂物，如图3-8所示，将它们挑选出来丢掉。人工挑选法通常使用宽约1米的输送带，由坐在两旁的数位女工，以目视法挑掉不良的豆子及杂物；机器挑选法则使用计算机辨识，剔除瑕疵豆及杂物。接着，是分级的程序，依照既定的标准将咖啡豆分为若干质量等级，好的咖啡豆进入精选市场，不好的咖啡豆则流入商业市场。

图3-8　挑选瑕疵豆及杂物

5. 磨光

脱壳处理只能除去外果皮与内果皮，这时，银皮仍然包裹在种子的外层，得使用机器磨去这层薄膜。然后，将咖啡豆装成60千克一袋，便可待价而沽了。各地区的袋装重量略有不同，大部分使用麻布袋，一袋60千克，如图3-9所示。牙买加蓝山咖啡，则使用木桶，有30千克装与70千克装，如图3-10所示。

图 3 - 9　木桶装咖啡豆

图 3 - 10　麻袋装咖啡豆

【考考你】

为什么会有两种处理咖啡豆的方法？

答案：咖啡最早是从阿拉伯半岛开始种植的，那里气候干燥，旱季、雨季分明，所以采用日晒法，充分利用当地的阳光。但是各国的条件不同，日晒法无法适用于每个地方，因此才有了水洗法的出现。

赤道地区全年都在下雨，因此大多采用水洗法；亚热带地区则因旱季和雨季相当分明，有许多农场采用日晒法，例如台湾地区花莲县的舞鹤一带恰好是北回归线经过之处，当地曾经种植咖啡，农人便是采用日晒法，利用台湾东部的阳光来暴晒咖啡豆，颇令人怀念。

水洗法需要很多的水，而且水质要好，否则所得的咖啡不会好喝。因此，水资源丰富的地方才有可能采用水洗法。

任务四 **咖啡豆的筛选和品级鉴定**

● **任务目标**

1. 了解咖啡豆的分级种类
2. 熟悉咖啡豆的分级方法

● **任务内容**

为了使品质好的咖啡豆与品质差的咖啡豆能够区分开来，人们会通过筛选和分级来实现，不同等级的咖啡豆价格相差甚远，味道也天差地别。分级的方法有很多，有的国家是按照咖啡豆颗粒的大小来分级的，有的则是根据咖啡豆生长的海拔高度分级的。在分级之前需要筛选去除不需要的杂质，如石头、未成熟的咖啡豆和树叶等。清洗和分类处理得越细致，最终得到的咖啡豆质量就越好，也就能卖出更高的价格。

咖啡豆的分级确定了国际贸易中各种咖啡的价格。这种分类系统是人们控制农产品价格的一种手段。

各国咖啡豆的处理方式不同，所以产生了各式各样的分级方法，目前并无世界统一的方法。大体而言，一个生产国只使用一种方法，常用的有下列几种：

一、 以咖啡豆的大小 （Bean Size） 分级

有人说，豆子的大小不会影响咖啡的风味，像也门的"马大利"（Mattari），豆子的颗粒虽然有大有小，但它仍是咖啡中的上品。不过，在许多生产地区，豆子长得大而饱满且曲线优美，即表示咖啡树生长得健壮，达到完全成熟的状态，最能展现美好的风味。

此外，相同成熟度的咖啡豆，即表示它们有一致的硬度与含水率，容易烘焙

均匀而产生一致的风味，形成高质量的咖啡。因此，大多数的新型农场都采用这种分级方法。

这种分级方法是利用各种有孔的筛网进行分级，如图 3 – 11 所示，筛网有各种规格，以编号识别，编号与网孔大小是相关联的。网孔的大小以 1/64 英寸为计算单位，若网孔的直径是 18/64 英寸，则表示这个筛网的编号是 18；若网孔的直径是 17/64 英寸，则筛网的编号是 17。以此类推，有 19、16、15、14 等各种编号的筛网。筛选的过程是将咖啡豆置于网上，以机器或人工来回

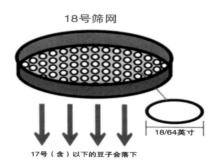

图 3 – 11　用不同的筛网进行分级[①]

摇动后，比网孔小的豆子便会落下，遭到剔除；遭受剔除的豆子会再经过更小号的筛网加以筛选。经过如此多层次的筛选之后，咖啡豆的级数就被编出来了。

经过分级之后，区分为 AA、A、B、C 与 PB 等数级。AA 为最高级，A、B、C 依次递减，C 级以下的通常会被拿去当饲料或肥料。另外，圆豆（Pea – Berry）的风味特殊，而且豆子体型本来就比较小，所以自成一级，即"PB"，通常价格较高。另外，我们还可以看到 X、Y1、Y2 与 T 级，这些咖啡豆的大小不一，瑕疵豆很多，属于相当差劲的商品，不值得一试。

一般使用这种分级方法的地区有肯尼亚、新几内亚、波多黎各、津巴布韦、坦桑尼亚与乌干达等地，只有 AA 等级以上的才有资格被列入精选咖啡。此外，也有许多巴西咖啡豆也采用这种分级方法，只是直接标示 19、18、17 等编号，而不用 AA、A、B、C 的分级法，如表 3 – 1 所示：

表 3 – 1　以咖啡豆的大小分级

生豆的直径（1/64 英寸的倍数）	分级	说明
20		
19		
19	AA	扁平豆
18		
18	A	
17		

① 柯明川. 精选咖啡：成为咖啡专家的第一本书（第 2 版）［M］. 北京：旅游教育出版社，2012. 59.

（续上表）

生豆的直径（1/64 英寸的倍数）	分级	说明
16 15	B	扁平豆
14 13	C	
12 11 10 9	PB	圆豆

二、 以瑕疵豆 （Imperfection） 的点数分级

这是最早的分级方法，巴西的许多地区还在使用这种方法。鉴定的方法是随机抽取 300 克的样本，放在黑色的纸上，因为黑纸最能避免反光；然后，由专业鉴定师谨慎地检视，找出样本内的瑕疵豆及杂物，并按照种类累计不同的分数，例如，黑豆 1 粒算 1 分，小石子 1 粒算 1 分，大石子 1 粒算 5 分，破碎豆 5 粒算 1 分，害虫豆 5 粒算 1 分，酸豆 2 粒算 1 分，大干果皮 1 个算 1 分，中干果皮 2 个算 1 分，小干果皮 3 个算 1 分，未脱壳豆 5 粒算 1 分，贝壳豆 3 粒算 1 分等。鉴定完成后，便依照累积的缺点分数评定级别，等级从 NY2 至 NY8，没有 NY1。如果想要买第一级（NY1）的巴西豆，是会闹笑话的，如表 3 – 2 所示。

印度尼西亚的咖啡豆也是采用这种分级法，鉴定方法与确定分数的技术大致相同。不过，最后的等级评定方式却不相同，印度尼西亚豆主要分为 6 级，即 Grade 1 至 Grade 6。埃塞俄比亚也是采用这种方法，最高等级为 Grade 2。

表 3 – 2　以瑕疵豆及杂物的点数分级

等级 （Grade）	缺点累积分数
NY2	4 ~ 11
NY3	12 ~ 25
NY4	26 ~ 45
NY5	46 ~ 78

（续上表）

等级（Grade）	缺点累积分数
NY6	79 ~ 159
NY7	160 ~ 339
NY8	340 ~ 380
不能出口	＞380

三、 以咖啡产地的高度分级

危地马拉、哥斯达黎加与萨尔瓦多等中美洲国家，都坐落于高山起伏的地带，境内的农场大多位于高度不同的山区，因此，都以产地的高度来区分咖啡质量。

一般而言，由于高山地区气候寒冷，生长于此的咖啡豆生长速度缓慢，生豆的密度较大，质地较坚硬，咖啡醇浓芳香，并有柔顺的酸味；反之，较低的地区，生豆的密度较小，质地较不坚硬，则咖啡质量较差，所以，也有人以"硬度"来分级。这些地区的等级可分为几种，如表3－3所示。

表3－3 以咖啡产地的高度分级

等级	生长地高度	等级简称
Strictly Hard Bean（极硬豆）	约1 372 ~ 1 524 米	SHB
Good Hard Bean（高硬豆）	约914 ~ 1 372 米	GHB
Hard Bean（硬豆）	约610 ~ 914 米	HB
Pacific（太平洋海岸区）	约300 ~ 1 000 米	Pacific

有些农场坐落在太平洋沿岸地区的缓坡上，坡度在25 ~ 83 米之间，被称作"太平洋级"，具有较低的酸性。

总之，虽然每个咖啡生产国有关咖啡豆分级的标准各不相同，但都会遵从咖啡豆分级的一般标准，例如：

- 收获时的瑕疵状况，例如破损，咖啡果中混有木棍、石头和树叶等；
- 咖啡豆的大小（一般越大越好）；
- 咖啡树的年龄；

- 咖啡树生长地区的海拔（越高越好）；
- 使用的加工方法（湿加工或干加工）；
- 咖啡豆的品种（阿拉比卡种、罗布斯塔种等）及变种；
- 咖啡种植园或咖啡生产区；
- 杯品（仅仅以煮过的咖啡的口感和气味作为衡量标准）。

其实，在咖啡生产国，咖啡分级主要是以外在品质来确定好的咖啡豆。好的咖啡豆要看产地的海拔高度、生豆尺寸的大小、瑕疵豆及杂物的比例。归纳为一句话就是：没有瑕疵豆的高地产大颗粒咖啡豆就是好豆。

而在咖啡消费国，大家更注重咖啡的内在品质，好喝的咖啡才是王道。如美国精品咖啡协会（SCAA）认为咖啡分级的依据主要在口感、风味方面，包括咖啡的干香、湿香、酸度、醇厚度、余韵、味谱和平衡感等。最差的作为生产国国内消费专用，最好的作为精品咖啡和卓越咖啡。

● 知识链接

认识咖啡师的职业

咖啡师就是很多人所说的"Barista"，"Barista"一词来源于意大利文，当时指的是酒吧里吧台内的服务员。到了今天，咖啡师已经成了一个新兴的职业，也是中国公布的第六批新职业之一。因为咖啡在国内的迅速发展，咖啡师成了紧缺型人才。在中国，咖啡师的工资待遇大多在每月2 000～3 000元之间，普遍偏低，而在意大利，咖啡师却有着银行白领般的工资待遇，并且具有极高的社会地位，因为人们知道一杯好的咖啡不是那么容易做出来的。咖啡师是咖啡馆的灵魂，是一杯杯美味咖啡的创造者。高级咖啡师需要具备的知识与技能非常多，例如要了解各种咖啡的产地、特性、风味、拼配知识、烘焙与萃取技术，以及各国的咖啡文化。一名专业的咖啡师需要担任很多的角色，不仅是艺术家、表演者、咖啡文化的传播者，可能还是咖啡店的老板，而且还需要具备大胆创新的观念和丰富的经验。

咖啡师需要有很强的味觉分辨能力，能清楚地分辨出咖啡的酸、香、苦、甘、醇。可见做好一名咖啡师是多么的不容易，因为他们做的不仅是一杯咖啡，更是一种文化。你在喝咖啡的同时，会感受到咖啡师的艺术素养和那颗对咖啡真诚的心！几乎每次走进咖啡馆时，都会看到吧台后面系着围裙的咖啡师忙碌的身影，他们的动作稳健优雅而且风度翩翩，伴随着咖啡机发出的"嗞嗞"声，这么协调的情境，让人忽然有一种远离喧嚣的感觉。

接下来我们来了解一下咖啡师比赛。一年一度的咖啡师比赛——世界百瑞斯塔（咖啡师）比赛，简称 WBC（World Barista Championship），于 2000 年起源于摩纳哥公国。自从首届 WBC 成功举办以来，每年都会在不同的时间、全球不同的城市举办。到了 2011 年，已经在摩纳哥、丹麦、美国、意大利、挪威、瑞士、日本和英国等国家成功举办了 12 届比赛。WBC 每年都会在中国举办预选赛，先从各个赛区选拔出 10 位出色的咖啡师，然后参加在上海举办的决赛，决赛选出的冠军会代表中国参加 WBC 的总决赛。WBC 给优秀的咖啡师一个更大的展示自己的舞台，让他们找到自身的价值与自信。下图为 2013 年咖啡师大赛的比赛现场。

图 3 - 12　2013 年 WBC 比赛现场

● 回顾总结

通过对模块三的学习，我们了解了咖啡种植带的几个国家，认识了咖啡树、咖啡花、咖啡果，了解了咖啡的种植、培育要求，掌握了咖啡豆的两种加工方法及其优缺点，掌握了咖啡豆的筛选和品级鉴定标准，初步具备了咖啡知识的底蕴。

● **技能训练**

1. 会辨别三种不同品种的咖啡豆。
2. 会挑选瑕疵豆及杂物。
3. 能够对咖啡豆进行品级鉴定。

● **练习题训练**

一、单项选择题

1. 世界上约有（　　）国家生产咖啡豆。

A. 30 个　　　　B. 80 个　　　　C. 60 个　　　　D. 100 个

2. 咖啡树栽种后，大约（　　）可收成咖啡。

A. 1 年之后　　B. 当年即可　　C. 3～5 年　　D. 5 年以上

3. 阿拉比卡种的咖啡生豆的中央线呈（　　）。

A. 弯曲 S 型　　B. 直线型　　　C. W 型　　　D. Z 型

4. 野生的咖啡树可以长到 5 至 10 米，但在庄园里种植的咖啡树为了增加产量和便于采收，多被人工修剪到（　　）的高度。

A. 2 米以下　　B. 2～4 米　　C. 4～6 米　　D. 6 米以上

5. 咖啡树的花呈（　　）束状。

A. 红色　　　　B. 黄色　　　　C. 白色　　　　D. 紫色

6. 下列哪种咖啡豆的采收法成本最高？（　　）

A. 机器采摘　　B. 搓枝法　　　C. 摇树法　　　D. 手工采摘

二、判断题

1. （　　）巴西不使用以产地高低分类的方法。

2. （　　）在印度尼西亚以瑕疵豆及杂物的点数对咖啡进行分级，最高等级为 G4。

3. （　　）哥伦比亚是世界上优质咖啡的最大生产国。

4. （　　）闻名于世的蓝山咖啡的名字源于山脉的名称。

5. （　　）咖啡的单宁酸会使咖啡更加酸涩。

6. （　　）阿拉比卡咖啡豆产量大，主要供给大型咖啡厂生产速溶咖啡使用。

模块四

烘焙咖啡豆

学习目标

1. 能鉴别生咖啡豆的优劣，挑选出瑕疵豆及杂物
2. 能掌握烘焙咖啡豆的原理、过程
3. 能掌握咖啡豆的烘焙程度和基本原则
4. 能掌握不同品种咖啡豆的特点及适合的烘焙程度
5. 能掌握对咖啡豆进行合适包装和保存的知识

　　咖啡生豆并没有香气，也不能直接使用，一杯迷人的咖啡需要经过烘焙、研磨和萃取才能让我们享受美味，"烘焙"就像一出魔术剧，将生豆内部的物质彻底转变与重组，形成新的结构，以浓烈香醇的风味与口感成为人类心灵、思想的燃煤。本模块我们将一起探秘烘焙的原理、过程和不同咖啡豆适合的烘焙程度，并学习如何对烘焙后的咖啡豆进行有效的包装与保存。

任务一

挑选咖啡生豆

● **任务目标**

1. 了解如何挑选咖啡豆
2. 熟悉世界上其他特殊的咖啡豆

● **任务内容**

咖啡生豆中会混入杂物或瑕疵豆。为了烘焙出醇正的风味，必须将瑕疵豆及杂物剔除后才能烘焙。普通的咖啡生豆中的瑕疵豆及杂物的比例甚至会达到40%，虫蛀豆等瑕疵豆或石子等杂物会掺杂在其中。在瑕疵豆及杂物混杂的情况下，对咖啡进行烘焙，会因咖啡豆的变化不一，而判断不出烘焙程度。并且，如果有一粒发霉豆混在其中的话，冲泡咖啡时会有异味产生。如果有石沙、木片等异物掺杂在其中，研磨咖啡豆时会损伤研磨器。这就是为什么我们要在烘焙前剔除瑕疵豆及杂物。

咖啡生豆买来以后，一定要将瑕疵豆及杂物剔除。这一工作叫作手工挑选（Hand Pick），就是将混入的颜色、光泽、形状不一的瑕疵豆和石沙、木片等杂物挑出来。如能将稍变质的咖啡豆也挑选出来，烘焙效果会更好。

除了要挑选出瑕疵豆及杂物，如能注意到大小、厚度不一的咖啡豆就

图 4-1　混有瑕疵豆及杂物的咖啡豆

更好了。大小、厚度统一，咖啡豆易烘焙，且烘焙程度较均匀。不仅是烘焙前，烘焙后也应当手工挑选。质量差的、很快就被烤焦的或颜色较淡的咖啡豆，烘焙后一看便知。

漫无目的地去挑瑕疵豆很浪费时间，手工挑选的时候，先决定好挑出瑕疵豆的顺序后再开工。将咖啡豆倒在托盘上铺开，先从色泽、形状开始，将颜色差异最明显的黑豆和杂物挑出，接下来是无光泽的死豆、发酵豆、未熟豆，最后将形状不一的贝壳豆、虫蛀豆剔除出去。按照这样的顺序来剔除瑕疵豆，效率最高。

在挑选咖啡豆时，使用不会反光的深色托盘，会让挑选工作变得容易。发酵豆、未熟豆、偏黄的咖啡豆，在深色的托盘上容易被分辨出来。烘焙后的咖啡豆，如果放在褐色的托盘上挑选，色差对比明显，易分辨，操作简易。

手工挑选的时候，水洗豆的瑕疵豆平均比例为15%～30%，自然干燥咖啡豆的瑕疵豆的比例高达40%。购买咖啡生豆时，应依据这一比例来决定所要购买的咖啡豆的数量。

● 知识链接

咖啡中的极品：从蓝山咖啡到猫屎咖啡

（一）牙买加蓝山咖啡

牙买加岛是加勒比海中面积仅次于古巴岛和海地岛的第三大岛，原为印第安人居住的地区，后来沦为西班牙的殖民地，在1655—1962年这三百多年间长期遭受英国的殖民统治。1730年，英国将咖啡引入牙买加，今天赫赫有名的牙买加蓝山咖啡就由此发端。

牙买加的咖啡，大体可以分为两类：该岛东部蓝山地区种植生产的咖啡，以及蓝山地区以外种植生产的咖啡。前者产量约占25%，是真正的蓝山咖啡；后者产量约占75%，只能冠以牙买加水洗咖啡豆等称呼。蓝山最高峰海拔2 256米，是加勒比海地区的最高峰，更是著名的旅游胜地。这里不仅绝少污染，气候湿润，终年多雾多雨，更拥有肥沃的火山土壤，这些都为孕育出卓越品质的咖啡创造了条件。

牙买加咖啡工业局对本国出产的咖啡进行品质管控，尤其对蓝山咖啡"呵护备至"。作为一款高品质的阿拉比卡种加勒比咖啡豆，牙买加蓝山咖啡的均衡感非常好，明媚而柔和的果酸与精致均匀的坚果香甜相得益彰。如果你觉得它的醇厚度略显欠缺的话，那么请你啜饮一口后闭眼回味，你会发现香甜余味如甘露般萦绕舌尖久久不散。难怪人们将其称作"老男人咖啡"，初始之下我们只看到年龄和沧桑感，似乎并不出彩，但深入了解之后惊喜连连，发现他内涵隽永、阅历深厚，令人回味不止。

牙买加蓝山咖啡产量不高，但名气很大，尤其是在中国可谓声名赫赫，大大小小的咖啡店里经常能在其饮品单上见到蓝山咖啡的靓影。且不论有多少以次充好，牙买加蓝山咖啡卓越的品质和良好的口碑，使之成为全世界高品质咖啡之一。

然而，并非人人都喜欢牙买加蓝山咖啡，比如说重口味者或者烟民对余韵与平衡感就难以揣摩，往往认为蓝山过于清淡，而同为海岛型咖啡的夏威夷科纳在醇厚度、甜度、酸度等方面或许就略胜半筹。

（二）猫屎咖啡

咖啡的世界里还经常有些惊喜和噱头，虽然并非主流，但我们应该怀着宽容的心态来看待。比如利用动物来完成初加工全流程的"特种咖啡"中的猫屎咖啡、猴屎咖啡、鸟屎咖啡和象屎咖啡等较为常见，不抵触者可偶尔饮之。

猫屎咖啡，又名麝香猫咖啡（Kopi Luwak）或者香猫咖啡，原产于印度尼西亚。Kopi 是咖啡的意思，Luwak 指的是一种俗称为麝香猫的树栖野生动物。这种昼伏夜出的热带杂食动物喜欢在果实成熟时节的咖啡园里出没，"偷取"最成熟的咖啡果，剥去皮后吞下肚，吮吸那层甜美而又少得可怜的果肉。由于咖啡豆质地坚硬异常，难以消化，与肠道亲密接触后，便随着粪便排泄而出。咖啡农们心疼被糟蹋的咖啡，大肆扑杀麝香猫之余，将满是咖啡豆的粪便取回，冲洗干净，留下一颗颗咖啡豆售卖。不知何时，是哪位商界高人，深悟"物以稀为贵"的真理，发现了麝香猫咖啡的商机，并将这一概念进行推广；再后来《国家地理杂志》等媒体也开始对麝香猫咖啡进行特别报道。于是乎，麝香猫咖啡流传开来，并一举成为当今世界上最贵的咖啡之一。那些白白干活无报酬的可怜小动物们哪里知道，它们的排泄物也由此变成了世界上最昂贵的粪便。

然而，事实上，麝香猫的数量极为稀少，对咖啡果的"兴趣"也不甚大，真正贡献猫屎咖啡的头号功臣是果子狸，"Kopi Luwak"叫"Kopi Musang"

才对，这种食肉猫科动物，由于它们的杂食属性，吃鸟、吃虫之余，偶尔吃点咖啡果换换口味，这一下惹来了"弥天大祸"，成为世界上最昂贵的咖啡豆的加工厂，猫屎咖啡也与果子狸咖啡画上了等号，果子狸们想要脱身恐怕难了。

以我国云南为例，有人专门捡拾树下、树上的野生果子狸粪便，获取果子狸咖啡。因其数量稀少，量寡而价高，更有些人捕获野生果子狸进行饲养，给它们喂食咖啡鲜果，人工生产果子狸咖啡。因为果子狸是杂食动物，吃咖啡果的同时还要吃些其他水果，甚至还要喂鸡给它们吃，这样算下来成本也不低，还费时费力，所以果子狸咖啡的产量也非常有限。

抛开道德、法律等层面的诸多话题不议，噱头多过实质的果子狸咖啡究竟风味如何呢？可谓是仁者见仁智者见智，有很多人强调咖啡豆在肠道中的微发酵过程给咖啡增加了额外的风味和醇厚感，算得上是一种特殊加工环节。在笔者看来，聪明的果子狸们专挑最成熟甜美的咖啡果吃，确实起到了精选的作用，同时也些许增加了咖啡的甜度、余韵和醇厚度。

烘焙咖啡豆

● **任务目标**

1. 了解烘焙咖啡豆的意义
2. 掌握咖啡豆烘焙的程度
3. 熟悉咖啡豆烘焙的原则

● **任务内容**

除了咖啡的产地、种植与处理过程以外，在咖啡加工过程中烘焙也占有至关重要的地位。很多业内人士都知道，烘焙决定咖啡的味道，因此就算是高品质的咖啡生豆，如果不采用正确的烘焙方式或烘焙度，那么其风味与口感恐怕也会让大家失望。

烘焙咖啡豆的目的不单单是将咖啡豆煎焦，还要借助各种不同的烘焙程度，让生豆发挥其最大特性，让其呈现最佳的状态。为什么有的咖啡偏酸，有的咖啡偏苦，有的咖啡有坚果味，有的会有巧克力味？这都和烘焙程度有关。事实上，"咖啡产地名称等于咖啡的味道"的说法是不可信的传言。例如摩卡咖啡，虽说被归类为酸味咖啡，但酸味会随着烘焙时间的延长而逐渐消失，反而变成重苦味的咖啡豆。一般而言，咖啡豆烘焙的时间越短，咖啡的口感就越酸，越长则越苦。我们可由此特性得知，决定咖啡酸味与苦味的是烘焙的程度，因此，强制去定义某种咖啡是酸味咖啡、某种咖啡是苦味咖啡，一点儿意义也没有。

一、 发现烘焙

埃塞俄比亚人最早发现咖啡，但是刚开始的时候只知道嚼食咖啡种子和树叶。13 世纪初期，据说伊斯兰教沙兹里（Al－Shadhili）发现烘焙法，并将烘焙豆研磨成粉，煮出了人类的第一杯咖啡。

沙兹里属于伊斯兰教的苏菲教派，传说幼年勤奋读书，竟致失明。他曾经流亡埃及，并到各伊斯兰教圣地朝觐，死于途中。他的信徒也以托钵僧的方式，苦行于阿拉伯半岛。于是，咖啡在不知不觉中，跟着传播了出去。那些苦行僧最远曾到达西班牙，那里至今还存在着沙兹里教团。在阿尔及利亚，点一杯沙兹里，就是买一杯咖啡的意思。

阿拉伯人最早知道咖啡的烘焙几乎已是公认的事情，因此才会有沙兹里的传说。不过，也有人认为这可能只是一个不经意的发现。据说，古时也门或埃塞俄比亚的农民在炊煮食物时，竟然在无意间发现火烤后的咖啡豆会发出奇特的香味，再经过有心人的注意与后续的发展，渐成今日烘焙咖啡的原型。所以，咖啡的烘焙可能只是偶然的发现，这种说法已为许多历史学家所接受。

二、 烘焙的含义

咖啡的烘焙是一种高温的焦化作用，它能够彻底改变生豆内部的物质，产生新的化合物，并重新组合，形成香气与醇味。这种作用只有在高温的状态下才会发生，如果只使用低温，则无法产生分解作用，即使烘得再久，也烘不熟咖啡豆。

通俗地讲，咖啡烘焙是一个提供热源给咖啡生豆，使其焦化的过程，这个过程会让咖啡豆产生一系列复杂的变化。

咖啡的烘焙是一种科学，也是一种艺术，是咖啡处理过程中最难的一个步骤。所以，在欧美国家，有经验的烘焙师享有极高的地位。

1. 烘干

在烘焙初期，生豆开始吸热，内部的水分逐渐被蒸发。这时，颜色渐渐由青绿色转为黄色或浅褐色，并且银皮开始脱落，可闻到淡淡的香草味。这个阶段的主要作用是去除水分，约占烘焙时间的一半。由于水是很好的传热导体，有助于烘熟咖啡豆的内部物质。所以，虽然目的在于去除水分，但烘焙师却会善用水的温度，

图4-2 烘焙咖啡豆

并妥善控制，使其不会蒸发得太快，如图 4 - 2 所示。

2. 高温分解

烘焙到了 160℃ 左右，豆内的水分会蒸发为气体，开始冲出咖啡豆的外部。这时，生豆的内部由吸热转为放热，第一次出现爆裂声。在爆裂声之后，又会转为吸热，这时，咖啡豆内部的压力极高，可达到 25 个大气压的大小。高温与压力开始解构原有的组织，形成新的化合物，造就咖啡的口感与味道。到 190℃ 左右，吸热与放热的转换再度发生。当然，高温裂解作用仍在持续发生，咖啡豆由褐色转成深褐色，渐渐进入重烘焙阶段。

3. 冷却

咖啡在烘焙之后，一定要立即冷却，使其迅速停止高温裂解作用，将风味锁住。否则，豆内的高温仍在继续发生作用，将会烧掉芳香的物质。冷却的方式有两种：一为气冷式，二为水冷式。

气冷式需要大量的冷空气，在 3 ~ 5 分钟之内迅速为咖啡豆降温。在专业烘焙的领域里，大型的烘焙机都附有一个托盘，托盘里还有一个可旋转的推动臂；在烘焙完成时，豆子底部的风扇立刻启动，吹送冷风，并由推动臂翻搅咖啡豆，进行冷却。气冷式速度虽慢，但干净而不污染，能保留咖啡的芳醇，多为精选咖啡业者所采用。

水冷式的做法是在咖啡豆的表面喷上一层水雾，让其温度迅速下降。由于喷水量的多寡很重要，需要精密的计算与控制，而且喷水会增加烘焙豆的重量，一般用于大型的商业用途。

● 知识链接

咖啡豆在烘焙的过程中会产生哪些变化呢？

1. 生豆达到 13% ~ 20% 的失水率，体积膨胀 60% 左右。

2. 绿色的生豆逐渐变成浅黄色、浅褐色、褐色、深褐色，甚至更深的颜色。

3. 生豆内部产生大量的二氧化碳，部分物质转化为焦糖。

4. 生豆中产生新的化合物，形成香气与油脂。

5. 烘焙后的咖啡豆将产生 2 000 余种物质。显然，咖啡是所有饮料中最复杂的东西了。

三、 烘焙的程度

烘焙度不同，咖啡体现出的风味也天差地别。一种咖啡生豆，烘焙师也许会花大量的时间研究和试验以找出其最佳的烘焙度，他们每次烘焙后都需要进行杯测，再反过来对烘焙度进行调整，不断试验，不断调整，所以对于初学者来说，掌握烘焙度真不是一件容易的事。

各地区的烘焙习惯不同，分类方式也不同，下面的"八阶段烘焙程度描述"是认可度较高的专业描述，如表4-1所示。

表4-1　八阶段烘焙程度描述

美式烘焙度分级		特征	各国喜好	阶段
	Light 浅烘焙	最轻度的煎焙、无香味及浓度可言；一般用在检验上	—	浅（指生豆烘焙时受热膨胀产生的第一次爆裂即将结束前）
	Cinnamon 肉桂烘焙	豆子呈肉桂色；酸度强，咖啡味淡；市面上较少贩卖	为美国西部人士所喜好	
	Medium 中度烘焙	豆子呈棕色；除酸味外，还有苦味，醇度适中	主要用于混合式咖啡	浅中（第一次爆裂结束至第二次爆裂开始这段过程的前半段）
	High 深度烘焙	外表呈浓茶色；苦味变强，咖啡香气及风味皆佳；是市面上最常见的烘焙度	为日本、北欧人士所喜爱	
	City 城市烘焙	豆子呈咖啡棕色；苦味和酸味达到平衡；是最标准的烘焙度	深受纽约人士喜爱	中度（第一次爆裂结束至第二次爆裂开始这段过程的后半段，以及刚开始第二次爆裂的数十秒）
	Full city 深度城市烘焙	外观呈深棕色，表面出现油亮；无酸味，苦味较强	用于冰咖啡，中南美洲人士也有饮用	
	French 法式烘焙	外观呈浓茶色带黑；苦味强劲，脂肪已渗透至表面，有独特香味	在欧洲尤其以法国最为流行	深度（第二次爆裂除了开始数十秒之外的全过程）
	Italian 意式烘焙	外观全黑，表面泛油，接近焦化，只有苦味，有时带有烟熏味	供意大利式蒸汽加压咖啡用；其实在意大利并不流行	极深度（第二次爆裂结束后）

四、 咖啡烘焙的基本原则

咖啡的颜色、香气、味道，是由烘焙过程中发生的一系列复杂的化学变化所决定的。所以生豆必须经过适当的化学程序，让它的必要成分达到最均衡的状态，才能算得上是最好的烘焙豆。咖啡香味会随热度起变化，所以烘焙时间宜尽量缩短，而且温度控制在可让咖啡豆产生有效化学构成的最低限度，即以最短的时间和最低的温度，让咖啡豆产生最适合的成分比。

我们从咖啡爱好者的角度对烘焙的一些基本原则进行了归纳。

1. 酸苦原则

咖啡豆在烘焙过程中，内部首先会形成大量味道丰富的酸性物质，但随着咖啡豆烘焙程度的继续提升，酸性物质逐渐分解，淀粉转换而来的糖逐渐焦化，苦味逐渐增强。所以，随着烘焙程度的提升，咖啡豆的酸味减弱，苦味增强。

酸味偏重的咖啡不宜偏浅度烘焙，而苦味强劲的咖啡则不宜烘焙得过深，合理掌控烘焙程度能够使得酸与苦更加平衡。此外，烘焙程度加深将带来更加厚重的苦味和醇度，同时还会释放大量咖啡油脂，增加质感。

2. 品质与个性原则

随着咖啡豆烘焙程度的提升，咖啡豆的个性特征（优点与缺点均属于个性）在逐渐减弱，咖啡豆里的涩味、杂味逐渐去除，平衡感与醇厚度逐渐提升。

对于那些品质比较拙劣的咖啡豆，如果采用偏浅度烘焙的话，就好比逼着身材臃肿者穿着比基尼——糟糕的身体曲线暴露无遗，有碍观瞻。而将烘焙程度提高一些的话，则能够掩盖较多的涩味和杂味。但这句话反过来说就不恰当了——并不是偏深度烘焙的咖啡豆都品质拙劣，或许是为了准确的平衡感、醇厚度或油脂。

在"极浅度—浅度"烘焙阶段，咖啡豆的个性表现得过于突出，除了少数优秀的精品豆以外，并不一定是好事，所以大部分个性突出、风味出众的咖啡豆适宜采用"中度—中深度"烘焙。对于某些烘焙师和品鉴师来说，这一烘焙阶段的另一个优势是能够较好地体现出风味的层次感与复杂度。

3. 含水量原则

导热率较低的介质水，无疑是烘焙师们的大敌。含水量高或者果肉肥厚的咖啡豆适宜烘焙得较深些，而含水量低或果肉单薄的咖啡豆则最好烘焙得较浅些。如果是同一产地的同一品种的豆子（甚至是同一棵咖啡树结出的豆子），新豆颜色更加浓绿，含水量更高；陈豆颜色偏浅黄色，含水量低些，那么新豆的口感应该比陈豆偏酸些。如果希望两者最终表现出一致的酸苦平衡风味，则新豆适宜烘焙得略深一些。对于新进学习烘焙的爱好者，适宜采用含水量比较低的豆子（如放置了数年使得含水量下降不少的陈豆）来练习烘焙。

4. 香气走势原则

随着咖啡豆烘焙程度的逐渐提升，形成的芳香物质起初（浅度烘焙）以低分子量化合物为主，花香、草香和果香明显。接下来到了中度烘焙程度时，芳香物质则以中分子量化合物居多，焦糖、奶油、巧克力、坚果等类型气味凸显。等逐渐过渡到深度烘焙时，形成的芳香物质主要是一些大分子化合物，树脂、香料、炭烧等气味就明显了。

五、 咖啡生豆与烘焙的关系

表 4-2　咖啡生豆与烘焙的关系

	容易	困难
尺寸	［小］ 味道逊于普通大小的豆子 例：摩卡（不规则的豆子）、埃塞俄比亚的水洗式西达摩等	［大］ 味道佳 例：哥伦比亚、危地马拉、肯尼亚等高级品，果肉厚实，常被认为是"味道出不来"的豆子
厚度①	［薄］ 透熟性佳 例：中南美洲系的尼加拉瓜、萨尔瓦多等，加勒比海系的古巴、多米尼加、海地、牙买加	［厚］ 味道醇厚甘美，豆子中央容易因为透热性差而产生"芯" 例：哥伦比亚、危地马拉、肯尼亚等高级品
含水量	［少］ 烘焙费时，故少有烘焙不均。烘烤后豆子色泽会更加明亮，但味道变化少 例：墨西哥与萨尔瓦多的水分含量都比危地马拉少，因此烘焙容易	［多］ 烘焙完成后，豆子颜色会开始慢慢变黑，因此必须充分除去水分。但容易产生"芯"
精制法	［自然干燥法］ 品质差，瑕疵豆与品质不一的情况多 例：秘鲁等咖啡豆，多有干燥不均。易烘焙不均，但少有"芯"产生	［水洗式］ 品质高，味道稳定。少有外表颜色不均的烘焙状况，但是容易产生"芯"

① 颗粒大而肉质薄的豆子容易烘焙；颗粒小而肉质薄的豆子不易烘焙，容易造成烘焙失败。

（续上表）

	容易	困难
豆子	[陈豆＝库藏咖啡] 咖啡的味道会随着时间递减，另一方面，不好的味道也随之递减 [油性成分少＝挥发成分少]	[新豆＝当年新收的咖啡] 丰富的味道，连瑕疵豆也各具风格 [油性成分多＝挥发成分多] 因脂质及焦糖化的作用更添风味。排气能力佳，若烘焙设备整体未达平衡，则难以烘焙。不易做出相同味道的咖啡，味道会因烘焙而发生显著变化
成熟度	[佳] 例：南方低地产咖啡豆相当容易烘焙，充分成熟，但味道不丰富 例：加勒比海系，成熟度高，酸味佳且稳定，味道调整容易（浅度烘焙的蓝山）	[差] 多属未成熟豆，豆子表面满是皱褶，中央线也弯曲，难以烘焙，也难以重现相同味道。涩味强烈，须仰赖深度烘焙调整味道 例：高地产咖啡烘焙不易但味道丰富
树木品种	枝丫少的帝比卡等老树种，烘焙容易，味道调节也容易	卡杜拉、卡杜艾等，不耐日光直射，成熟度低，味道较少变化
烘焙不均	烘焙不均的状况一目了然	会产生眼睛不易发现的烘焙不均状况（产生"芯"等），难以发觉豆子内外是否都烘焙均匀
烘焙方法①	大致采用标准烘焙就能成功	必须注意火力的微调

【考考你】

1. 什么咖啡酸味多——即适合深度烘焙的咖啡？

答案：水分含量多的豆子、果实厚实的硬豆、当年采收的新豆。

2. 什么咖啡酸味少——即适合浅度烘焙的咖啡？

答案：加勒比海系咖啡豆——古巴、海地、牙买加、多米尼加；柔软且果肉薄的豆子；尺寸与水分含量平均的豆子。

---

① 品质不一的成因有很多，光是调整烘焙机是不够的。重点在于根据种类与比例，尽可能采购品质均一的咖啡生豆。

世界著名咖啡豆的特点与适合的烘焙度

埃塞俄比亚：树种为纯正的阿拉比卡种，由于种植条件的关系，咖啡豆通常较小。一般采用日晒法处理，咖啡具有非常明显的粗犷的果香，但采用水洗法处理后的咖啡豆具有特别的柠檬花香。适合中度烘焙。

肯尼亚：优质的阿拉比卡波旁种，它拥有美妙绝伦的芳香和明亮的酸度，有的还有淡淡的水果香味。

蓝山：蓝山咖啡是咖啡中的极品。位于牙买加的蓝山山脉，被加勒比海环抱着。每当太阳直射蔚蓝海水时，便反射到山上而发出璀璨的蓝色光芒，其山因而得名。其咖啡树属优质阿拉比卡种，此种咖啡风味浓郁、均衡，富有水果味和酸味。在品质、特色、香味、甘润方面，它都完美无缺，是咖啡中的极品，拥有所有好咖啡的特点。不仅口味浓郁香醇，而且由于咖啡的甘、酸、苦三味搭配完美，所以完全不具苦味，仅有适度而完美的果酸。一般都以单品饮用，但是因产量极少，价格昂贵无比，所以市面上一般多以味道近似的咖啡调制。

哥斯达黎加：哥斯达黎加的塔拉苏是世界上主要的咖啡产地之一。所产咖啡温和香醇，带有一丝酸味。塔拉苏地区出产的咖啡味道更浓、更醇和，香浓而有酸味，有很高的评价。生产地大致可分为太平洋沿岸、大西洋沿岸及中间地带三个地区，并且各依标高而分其等级。咖啡豆属于大粒型，尤其以太平洋沿岸高地带所生产的为上选品。优质的哥斯达黎加豆被人们称为"特硬豆"，适合中度及重度烘焙。

危地马拉：此为日本人熟悉的咖啡豆。其分类依海拔标高分为7个等级。产于高地者较为香醇，而产于低地的咖啡豆，品质则较差。高地产的咖啡香醇且具有良质酸味，颇受好评，是混合式咖啡的最佳材料。危地马拉咖啡曾享有世界上品质最佳咖啡的声望，颗粒以饱满著称，酸度均衡，味道变化多端。烘烤较浅时，其味温和；经深度烘烤，味道就变得浓烈且有烟味。

哥伦比亚：泛指哥伦比亚所出产的咖啡豆。烘焙后的咖啡豆，会释放出甘甜的香味，具有酸中带甘、苦味中平的良质特性。因为浓度合宜，常被应用于高级的混合咖啡之中。哥伦比亚咖啡的包装袋上最显眼的是火山图案，还有穿着哥伦比亚传统服装，骑着毛驴的瓦迪茇形象。如此种种只是想告诉消费者，哥伦比亚咖啡是种在1 500米以上的高海拔安第斯山脉。火山质地的土壤、无霜冻之虞的气候、优质的波旁阿拉比卡等，使得这里的咖啡被冠以国名在世界上出售，所向披靡。虽然因种在山地而导致采摘、加工费时费力，但并没有影响到哥伦比亚人的种植热情，人们甚至把咖啡的红果子当作祭祀祖先的圣品。

巴西：巴西是典型的阿拉比卡种与罗布斯塔种混种地区，其出产的咖啡是最适合大众口味的咖啡。此种咖啡酸、甘、苦三味属中性，浓厚适中，带着适度的酸味，口味高雅而特殊，是最好的调配用豆。被誉为"咖啡之中坚"，单品饮用风味亦佳。另外其酸度会随着储藏时间的加长而增加，这也是巴西咖啡的特性之一。

科纳（北美洲唯一的咖啡）：这是由夏威夷的科纳地区火山熔岩所培育出来的咖啡豆。味道香浓、甘醇，且略带一种葡萄酒香，风味极为特殊，上选的科纳咖啡有适度的酸味和温顺丰润的口感，以及一股独特的香醇风味，令咖啡爱好者难以忘怀，但由于其真正的产区大约只有1 400公顷，虽然产量较高，差不多每公顷产豆两吨，却一样不能满足市场需求，使得科纳咖啡豆的价格直追蓝山咖啡。相信除了在夏威夷，你很难买到真正的科纳咖啡豆。

摩卡（亚洲也门）：辛辣、刺激、带有浓郁酒香和巧克力味的摩卡咖啡，早年是由也门的摩卡港运抵欧洲。在形状和口味上都类似于埃塞俄比亚的哈拉尔咖啡。其豆小而香浓，其酸醇味强，甘味适中，风味特殊，且有一种莫可名状的辛辣味。经水洗处理后的咖啡豆，是颇负盛名的优质咖啡。一般皆单品饮用，但若能调配成混合咖啡，更是一种理想风味的综合咖啡。但因也门采用的仍然是小规模的种植方式，咖啡的产量很低。也门摩卡主要有两个栽种区：马塔里、山纳尼，前者所产的咖啡有较多的巧克力余味和酸味，后者则更加粗野芬芳。

爪哇岛（亚洲印度尼西亚）：产于印度尼西亚爪哇岛的咖啡豆，早年属于阿拉比卡种。爪哇豆曾经盛名远播，烘焙后具浓郁的芳香，但感觉不到任何的酸味，口感非常润滑，当年与摩卡调配在一起的"爪哇摩卡综合咖啡"曾经风靡一时。但19世纪咖啡叶锈病几乎摧毁了印度尼西亚诸岛上的所有咖啡田，荷兰人只有改种咖啡树。爪哇岛早期的阿拉比卡咖啡豆被以帆船运往欧美诸国，运送时间较长，故形成了成年爪哇咖啡独特的浓郁香气，使其成为市场上的抢手货。

但如今爪哇岛只产少量的优质阿拉比卡咖啡豆，大多已改种罗布斯塔种。人们对爪哇咖啡的追捧也就丧失殆尽。

苏门答腊（亚洲印度尼西亚）：产于印度尼西亚的苏门答腊岛的曼特宁咖啡豆，研磨出的咖啡豆味道与爪哇咖啡近似，但香味更重，酸味更加清淡，曼特宁咖啡豆在深度烘焙后有厚厚的焦糖味。利用晒干法处理的咖啡具有了浓郁的果香和浓稠的质感。

鲁哇克：出产于苏门答腊的鲁哇克咖啡，价格远超蓝山咖啡。印度尼西亚山间的麝香猫喜欢吃一种叫作"鲁哇克"的咖啡果实。咖啡果实中的咖啡豆无法被麝香猫消化，会随着麝香猫的排泄物排出。印尼人发现，经过麝香猫肠胃发酵的鲁哇克咖啡豆，有一种罕见而奇特的香醇，于是就采集麝香猫的粪便，分离出咖啡豆来，成为赫赫有名的"猫屎咖啡"。但由于这种咖啡豆产量极少且收集不易，因此是全球最昂贵的咖啡。

中国：中国南方很多地区的土壤和气候都适宜咖啡的生长，具有种植咖啡的理想环境，目前中国咖啡的主要产地是云南，咖啡产量在全国总产量的80%以上，海南第二，而广东、广西、福建、四川和台湾等地也有少量种植。云南西部地处北纬15°至北回归线之间，大部分地区海拔在1 000～2 000米，地形以山地、坡地为主，地势起伏较大、土壤肥沃、日照充足、昼夜温差大，这些独特的自然条件形成了云南小粒种咖啡品味的特殊性——浓而不苦，香而不烈，略带果味。早在20世纪50年代，云南小粒种咖啡就在国际咖啡市场上大受欢迎，被评定为咖啡中的上品。云南咖啡的种植历史，可追溯到1892年，一位法国传教士从境外将咖啡种子带入云南，并在云南省宾川县的一个山谷里种植成功。这批咖啡种子繁衍的咖啡植株至今在宾川县仍有30多株在开花结果。云南咖啡宜植区分布在云南南部和西南部的思茅、西双版纳、文山、保山、德宏等地区。

越南：越南现在已经跃升为世界咖啡几大主产区之一，其豆型较小，风味独特。

咖啡豆的包装与保存

● **任务目标**

1. 了解咖啡豆的运输与保存方法
2. 了解咖啡熟豆的包装与保存方法

● **任务内容**

一、 咖啡生豆的运输与保存

也许你不知道，对于优质的咖啡生豆，它们的运输与保存也有非常严格的要求，咖啡豆经过处理、分级、挑选之后，打包装入麻袋。这些程序完成以后，咖啡豆也就可以入仓库等待销售或者出口了。对于品质要求严格的咖啡商或者精品咖啡豆来说，会对咖啡生豆进行统一的恒温恒湿保存。恒温指一年四季温度都保持在 18℃以下，只有在这样的温度下，咖啡豆才会保存它原有的风味，即使保存接近一年的时间，风味也不会有太大的变化。

恒湿指的是保证仓库的湿度为 50% ~60%，如果湿度太高，咖啡豆容易受潮发霉；若湿度太低，则咖啡豆会过于干燥导致含水率降低。因为这样的保存成本是相当高的，所以只有优质的精品咖啡豆才会有这样的待遇。对于商业咖啡豆或者统货咖啡豆（指没有经过分级的咖啡豆，不仅咖啡豆的大小不一，而且瑕疵豆也比较多，多用于商业咖啡），会被放在宽敞、干燥、通风的仓库内，仓库地面上会有隔热垫，防止麻袋接触地面受潮。

运输过程也是如此，特质精品咖啡享受着高档的待遇，它们会被装入恒温恒湿的集装箱运输至烘焙商处，如果数量不大的话，烘焙商们多数愿意选择空运。有些要求苛刻的烘焙商会将咖啡豆分装成 10 千克左右的小包装，然后抽真空冷藏保存。无论如何，只要是有利于咖啡豆保存的方法，他们都愿意一试。

● 知识链接

咖啡生豆的采购标准

1. 看大小颗粒是否均匀。品质好的生豆，会经过很严谨的分级，不会出现大小不一的现象。若出现大小不一，则有可能是商业咖啡豆。没有经过严格分级的咖啡豆，我们统称为统货。

2. 注意瑕疵豆的数量。瑕疵豆过多，说明咖啡豆的品质差，咖啡的味道也会比较差，这是选购生豆的基础。

3. 观察生豆的颜色与含水率。颜色接近深绿色，说明含水率超标，这样的生豆不适合烘焙，即使购买回去也必须放置一段时间，将含水率降至12% 左右或者更低才可以进行烘焙；若颜色发黄甚至发白，则可能是非近期收获的陈年豆，这类生豆的含水率较低。

4. 闻生豆是否有霉味，仔细观察生豆表面是否有霉斑。生豆如果运输或者储存不当，就很容易发霉，这类生豆烘焙出的咖啡，毋庸置疑是品质较差的。

二、 咖啡熟豆的包装

咖啡自烘焙好那一刻起，其良好的风味便开始残酷地流失。保持咖啡的新鲜度，一直是让人头疼的一件事。咖啡生豆烘焙制成熟豆后，质地变得疏松脆弱，周身布满孔洞，拥有了类似蜂窝巢的结构特征，与空气接触的面积大幅增加，氧化速度加快，香气容易散失，还会像活性炭那般强劲地吸附周围异味，因此要长期保持其风味几乎不可能。对于那些自己不从事烘焙操作的消费者来说，少量买、快速用、妥善存是基本原则。

我们平时使用的咖啡豆都是经过烘焙之后的豆子，这时候就要选择合适的方法去包装保存，尽量让我们在做咖啡的时候咖啡豆的品质都能保持最完美的状态。

1. 非气密性包装

这是最经济的一种。通常被小焙制厂采用，因为这样他们能保证迅速地供货，咖啡豆可及时地被消耗完。这种包装方式下的咖啡豆只能短时间保存。

2. 气密性包装

适合于酒吧、家用或间接供货（超市等）。小袋和听装都行。装完咖啡后，抽真空并封闭起来。由于焙制过程中形成二氧化碳，这种包装只有在咖啡放置一段时间脱气后才能使用，因此有几天的储存间隔，咖啡豆放置的时间比咖啡粉更长些。由于储存期间不需要与空气隔开，因此成本较低。这种包装方式下的咖啡应该在 2 周内用完。

3. 加压包装

这是最昂贵的方式，但能保存咖啡长达两年之久。咖啡包装的体积大小取决于用户类型是家庭还是酒吧。在焙制几分钟后，咖啡就能被真空包装。加入一些惰性气体后，包装内能够保持合适的压力。咖啡豆在加压环境下保存，使香气留在脂肪上，由此改善了饮料的香味。

4. 单向阀包装

小袋和听装均可使用。焙制后，咖啡放进特制的带有单向阀的真空容器中，这个阀允许气体出去但不允许其进来，不需要单独储存阶段。但在放气过程中，虽然避免了腐败味的形成，但阻止不了香气的损失。因为咖啡在烘焙后会排放出超过本身体积 3 倍以上的二氧化碳，若咖啡豆同时不断地与空气接触会加速脂肪氧化而使得咖啡美味尽失。目前最有效的方法是以特殊专利单向排气阀充填包装，可以将咖啡所产生的二氧化碳由内部释放，并防止外部空气的侵入。

我们平时常用的包装方法主要有两种：

一种是带有单向排气阀的铝箔袋，这是最常见的咖啡熟豆包装，拥有避光保存、价格低廉、从内向外单向排气等优点。但是单向排气阀虽然能避免腐败味道的生成，却并不能阻止咖啡香气的逸散。此外，带有橡胶密封圈的玻璃储豆罐、陶瓷储豆罐、锡制储豆罐也都是不错的选择，而塑料制品则不妥。

另有一种比较常见的加压包装，成本比较昂贵，但储存效果很好。通常采用铝制储豆罐，咖啡豆烘焙完成后不久，就被装入真空的罐中，并填充一定量的惰性气体，使包装储豆罐中保持适宜的内压。咖啡熟豆在这种加压状态下保存，使得香气能够存留在脂肪上，品质能够较好地保存一年甚至更长时间。

三、 咖啡熟豆的保存

不当的保存方法会影响咖啡的品质和风味。一般来说，开封后的咖啡的存放期为：咖啡豆四周，咖啡粉略短。真空包装的咖啡豆如未拆封则其存放期可长达四个月。欲使咖啡的物理和化学变化保持在最低水平，贮存的包装是一门很大的学问。购买回家的咖啡豆要存放在密封的容器内，可放入冰箱内冷藏，记得在贮存咖啡的桶中洒一小勺的盐（不要将包装咖啡的袋子拆掉以免咖啡和盐混合使咖啡喝起来有咸味），有助于保存咖啡的香味。

购买时最好选择一种透气袋，在密封的包装上多一个单向透气孔，好让豆子或咖啡粉的气体能排出来，同时使外面的空气无法进入。由于咖啡粉的保存期限较咖啡豆短，如在冲煮咖啡前才研磨有助于确保咖啡豆的新鲜度及维持咖啡的香味。

1. 排气保存

尽量排出储豆容器中的剩余空气，减少咖啡熟豆与空气的接触。如果使用的是已经剪开袋口的铝箔纸，需要先用手挤压排出空气，再用封口夹或封口条来密封保存。如果使用的是储豆罐，则可以装入咖啡豆后再塞入一块棉花，压得紧实些，这样也可以排出罐中大部分的空气。

2. 避光保存

保存咖啡熟豆时应避免光线直射。尤其是透明玻璃储豆罐，需要放置在遮光的阴暗处。

3. 避光高温

不要放置在高温环境中。密封完备的咖啡豆在保证不会"窜味儿"的前提下可以放入冰箱或蛋糕保鲜柜中保存，以 2 ~ 8℃ 为宜。但是从中取出时，应该适当静置，使其温度缓慢回升到室温状态后再研磨使用。实践证明，咖啡熟豆存储在零度以下的冷冻状态是不适宜的，冷冻过后的咖啡豆会丧失很多香气和风味。

4. 密闭保存

事实证明，很多咖啡熟豆因为包装不严，或在包装袋表面含有大量肉眼看不见的细微孔洞，会导致密闭性不够好。这样，一旦进入潮湿、多味的冰箱中，咖啡熟豆品质的迅速恶化也就不难想象了。

5. 关注新鲜周期

任何咖啡豆的保存都只能算作暂时的"权宜之计"，我们需要关注咖啡熟豆处于新鲜周期的哪个阶段。

● 知识链接

咖啡熟豆的新鲜周期

葡萄酒爱好者都知道，封装在瓶中的葡萄酒是有生命的活物，无时无刻不在发生着变化。其实同样的观点也适用于封装储存的咖啡熟豆。那么被妥善包装并保存的未开袋的咖啡熟豆究竟能够保存多长时间呢？我们根据大量咖啡爱好者和咖啡店主的实践经验，来对咖啡熟豆的新鲜周期做一次描述，少数咖啡专业人士可能会设置更加严苛的标准来评价新烘咖啡豆。

一是养豆期。刚烘焙好的咖啡熟豆（彻底晾凉以后）应尽快装入含单向排气阀的包装袋中保存起来。这时虽然咖啡豆的新鲜度最高，但质地并不稳定，比如，会有大量二氧化碳逸出，因此我们需要耐心等待咖啡熟豆进入稳定状态。这一过程俗称养豆，1~2 天为最短的养豆期。经历这一阶段后可以用来制作滴滤式咖啡，如果用来萃取浓缩咖啡或进行杯测，养豆期应适当延长，如 5~7 天的时间，但需要记住的是凡事过犹不及，过长的养豆期只有坏处没有好处。

二是最新鲜期。从养豆期结束开始计算，如果我们剪开咖啡豆包装开始研磨使用，无疑此时咖啡豆处在风味最佳阶段。

如果保存良好的话，这一阶段大约有 2 周时间，我们不妨将其称作"最新鲜周期"。

三是较新鲜期。从大约两周的最新鲜期结束开始计算，包装袋中的咖啡豆的品质逐渐从巅峰状态往下走，但如果妥善保存，起初一段时间咖啡豆的品质、风味下降速度较慢，它的新鲜度依然处在较高水准，我们将其称作"较新鲜期"，时间为 1 个月左右。较新鲜期结束之前将购买的咖啡熟豆使用完是每一位咖啡爱好者和咖啡店主都应努力做到的。

四是处置期。从大约 4 周的"较新鲜期"结束开始计算，咖啡熟豆的品质风味已经大不如前，难以担当"新鲜"二字，无法满足专业人士挑剔的要求，但用作家庭早餐时的提神咖啡、小店当日黑咖啡，或勾兑牛奶、奶油、巧克力酱等做一些花式咖啡尚可，大可不必一概否定。我们认为这阶段可以持续 1 个月左右，在这段时间内应尽快开袋，将咖啡豆使用掉。

从最新鲜期到处置期共计约 10 周时间，消费者应好好把握。过了处置期的咖啡熟豆，纵使从未打开过包装袋，也会风味锐减，新鲜感荡然无存，没有品尝价值了。

认识咖啡烘焙师

我们经常说咖啡世界里有一小"师"、三大"师"：一小"师"指的是吧台调制咖啡饮品的咖啡师，心灵手巧、勤于练习者一年左右可有小成；三大"师"指的是咖啡园艺师、咖啡品鉴师（杯测师）与咖啡烘焙师，都是需要在专业领域内历经多年的实践磨砺才能有所成就。

一位合格的咖啡烘焙师至少要做到以下四点：

第一点，严格把握咖啡豆的烘焙过程，保证咖啡豆能够获得高质量的焙制，不要出现受热不均等缺陷。这一点也是最基本的要求。

第二点，使咖啡豆接受适宜的烘焙度。怎样算适宜？当这款咖啡豆呈现出最佳的品质特征之时是我们通常的答案（通常需要通过杯测来体验确定）。但还有几种可能性存在：可能是最能表达这款咖啡豆的优点之时，可能是消费者对这款咖啡豆感官测评的满意度最高之时（即根据消费者的需求来定制），也可能是最能掩盖这款咖啡豆的缺点之时，还可能是故意让这款咖啡豆呈现出某种风味之时等。这些无不要求烘焙师对咖啡豆的特性了如指掌，对不同烘焙程度的细微变化了然于胸。

第三点，要保证风味如一的风味供应。谁都有可能"瞎猫碰到死耗子"，新入门的"菜鸟"按部就班、对照色板也能烘焙出一锅出众的豆子来。但是能否再来一锅风味完全相同的？再来十锅？日复一日？甚至让苛刻的消费者感受不到所喝咖啡有何不同？要知道一次性囤积的咖啡生豆是非常有限的，不同批次的咖啡生豆有着不同的特性和含水量，再加上外界环境变化，复制固定的烘焙曲线也是不可能的。随着咖啡生豆源源不断的供应，其实也是在不断考验烘焙师的全面把握能力，这才是难点所在。所以，对于烘焙师来说，最大的考验是我们常说的"昨日重现"。客观情况是，很多微型烘焙商都还很难做到这一点。

第四点，咖啡豆的拼配。烘焙师可能还需要关注另外一项重要的工作——拼配。将不同风味与口感的咖啡豆按照不同比例进行混合，创造出属于某个公司或品牌的特定产品。拼配工作可以在烘焙前的生豆阶段进行，也可以在烘焙后的熟豆阶段进行。前者叫作混合烘焙，因为不同豆子特性差异太大，所以烘焙品质难以掌控；而后者属于单品烘焙，焙后拼配，难度就小多了，可控性也更强。

此外，加味烘焙也是某些烘焙师的拿手好戏——在咖啡豆的烘焙环节人为地添加一些增味剂，使咖啡豆具备与众不同的特殊风味。

区别精品咖啡与商业咖啡

精品咖啡一定风味绝佳，只有精品咖啡才能充分体现出咖啡文化，而商业咖啡则只是带有咖啡因的饮品而已。

精品咖啡并不单单是指杯中的咖啡的品质，更重要的是指这款咖啡豆的产地、种植、采摘与处理的一些信息，因为只有这样，烘焙师与咖啡师才会更加了解这款咖啡豆，从而更加容易烘焙与萃取出好的咖啡。那么，怎么来区分这款咖啡豆是精品咖啡还是商业咖啡呢？

首先，可以通过咖啡树种来确定。我们已经知道咖啡树种主要是阿拉比卡种与罗布斯塔种，阿拉比卡种生长在高海拔的凉爽地带，风味很棒，它才是精品咖啡的主力军。但是并不是所有阿拉比卡种都是精品咖啡，因为精品咖啡除了要经过精心的种植与处理，还要进行严格的挑选，所以能够进入精品咖啡市场的只是很小的一部分咖啡而已。然而像罗布斯塔种，因其口感比较贫乏，风味单一，所以不管怎么处理、怎么分级，也进不了精品咖啡的市场。

其次，通过处理方式来区别。精品咖啡在处理的过程中必须经过严格的品质监控，不管使用什么样的处理方式，都必须全程看管，咖啡生豆也必须进行最严格的挑选与分级，才能达到品质的稳定。如果有着绝佳的地理环境，生长出优质的咖啡果，但是没有细心与严格的处理过程，这样的咖啡豆也是不能达到精品咖啡的水准的。

最后，通过烘焙方式来区别。咖啡豆的生产年份、含水率、处理方式都与烘焙有着密切的关系。然而，精品咖啡多数采用少量烘焙，我们称为"微烘"，这样更容易掌握烘焙的品质。烘焙之前必须经过多次的烘焙试验与杯测，选择一个最佳的温度攀升曲线与烘焙度。烘焙师必须全程照看，进行一系列的调整，使烘焙达到最佳的状态，最大限度地挖掘出咖啡原有的风味。而商业烘焙，都是使用大型的烘焙设备，将咖啡豆烘焙至事先设定的状态，烘焙出咖啡的颜色就好了，根本不考虑咖啡的风味，我们称之为"商业烘焙"。

● **回顾总结**

通过对模块四的学习，我们了解了烘焙的起源、原理和过程，掌握了烘焙的程度区别和烘焙的原则，学会了如何辨别咖啡豆的优劣，会挑选瑕疵豆，了解了咖啡主要品种的特点和烘焙程度，掌握了咖啡豆的包装和保存方法，为下一模块"咖啡的杯测与品鉴"奠定了基础。

● **技能训练**

1. 选择不同品种的咖啡豆并进行瑕疵豆的挑选。
2. 选择至少三款不同品种的咖啡豆，进行烘焙程度练习，并比较其外观。

● **练习题训练**

一、单项选择题

1. 咖啡的最佳饮用期为烘焙后（   ）。

A. 1 周内　　　　B. 2 周内　　　　C. 3 周内　　　　D. 1 个月内

2. 咖啡豆在经过烘焙后，水分几乎被蒸发殆尽，含水率由原来的13%降至（   ）。

A. 5%　　　　　B. 4%　　　　　C. 3%　　　　　D. 1%

3. 下列哪一项不是咖啡酸味的来源？（   ）

A. 储藏时间　　　B. 豆型大小　　　C. 冲泡手法　　　D. 烘焙程度

4. 高温分解作用使得咖啡豆内部的碳水化合物发生分解，并形成大量的（   ）。

A. 二氧化碳　　　B. 氧气　　　　C. 氮气　　　　D. 一氧化碳

5. 修剪咖啡树的主要目的是（   ）。

A. 方便采摘　　　B. 防止虫害　　　C. 抗风　　　　D. 防霜

二、判断题

1. （   ）咖啡豆烘焙得越深，重量失去得越多。

2. （   ）水洗法是人们掌握得最早的处理咖啡豆的方法。

3. （   ）咖啡的风味是由咖啡豆的品种决定的，与后天无关。

4. （   ）通过意式烘焙（Italian Roast）的豆子，呈炭黑色，表面泛油，苦味强劲。

5. （　　　）烘焙好的咖啡豆，若没有好的保存，会因为过度氧化的关系，而表现出令人不悦的酸、涩、怪味。

6. （　　　）烘焙好的咖啡豆，可以通过冷藏或冷冻来保持咖啡的新鲜度。

模块五

咖啡的杯测与品鉴

学习目标

1. 了解咖啡的杯测标准
2. 了解咖啡的味道
3. 认识杯测的主要衡量指标
4. 认识咖啡香气的种类
5. 熟悉咖啡杯测的流程

　　咖啡豆经过采摘、加工、储存和运输，最后来到了每一位品味咖啡的追随者身边。咖啡豆经过烘焙、研磨、冲泡，呈现出千变万化的香气、味道、口感、色泽……成功鉴别一杯优质的咖啡成为咖啡学习者们孜孜以求的事情，接下来让我们一起开启咖啡味道的大门，领略咖啡的百千滋味吧！

任务一
咖啡杯测标准

● 任务目标

1. 了解咖啡杯测的重要性
2. 认识杯测的主要衡量指标
3. 熟悉咖啡杯测的流程

● 任务情景

　　小王同学经过对咖啡的历史、发展历程的认真学习，了解了咖啡的种植、加工方法，学习了咖啡豆的烘焙、研磨技术，已经逐步掌握了咖啡的主要知识体系。接下来就是鉴赏一杯咖啡的环节了。很多人说咖啡是苦苦的，没什么好喝的，但是经过精心调制的咖啡，却又会变化出不同的味道，奇特又富有变化，其神秘之处何在呢？小王决定一探究竟。

● 任务内容

一、　咖啡杯测

　　咖啡的世界中，常常有人会问"什么是优质的咖啡豆""什么样的豆子能够炮制出风味优雅独特的咖啡"及"如何鉴别质地优良的咖啡豆"等问题。其实，这些都需要通过对咖啡豆的真实风味和口感的测定来确定，这种测定的方法在咖啡的术语中叫作杯测（Cupping 或 Cup Testing）。这是一种专门为咖啡消费者准备的测量技术和方法，与咖啡生产国那些简单、粗略的测评方法是不同的。咖啡杯测是一种寻求优质咖啡的工具，并不是一套强制的衡量标准。每一个测评人或测评团队都可以建立属于自己团队的评价体系来衡量咖啡的风味。

咖啡测评实则不难，每个学习者皆可通过训练自己的感官来获取对咖啡豆的体验判断标准，而不用只听他人的判断结果。这样就可以建立起自己的咖啡杯测标准，通过不断的完善和修正成为一名合格的咖啡杯测师。

下面介绍一种常见的咖啡杯测流程。

1. 杯测器具

常用的杯测器具如表 5 - 1 所示：

表 5 - 1　杯测器具

序号	器具
1	杯测杯 3 个（洁净、干燥、无异味、厚底的敞口玻璃为宜，容量为 150ml，制作相应的标签）
2	杯测匙 3 把（洁净、干燥、无异味的银质杯匙为宜，不锈钢质地次之。每杯咖啡对应一把杯测匙，不可混用）
3	玻璃饮水杯 1 个（洁净、干燥、无异味，用来清洁口腔，配置垫子）
4	不锈钢冰桶一只（可用其他容器代替，容量在 1 000ml 左右）
5	白色纸巾若干张（无异味）
6	电热水壶 1 个
7	磨豆机（最好是 3 台同款机器）
8	温度计（3 个）

2. 杯测样品

咖啡熟豆 A、咖啡熟豆 B、咖啡熟豆 C（如上三款均为新鲜烘焙，每份至少500 克）。

3. 烘焙程度

新鲜烘焙且烘焙程度不能太深，SCAA 的 Agtron 值以#65 为宜（3 款样品保持基本一致的烘焙程度）。

4. 杯测步骤

第一步，在 3 个杯测杯的底部或侧面贴上相应的标签 A、B、C，与三款咖啡豆相对应。

图 5 - 1　三种咖啡熟豆

第二步，将 3 款咖啡熟豆细度研磨（如果使用同一款研磨机的话，应注意务必清洁豆仓，避免彼此干扰），各自量取 5.25 克，倒入 3 个对应的杯测杯中。

图 5 - 2　磨豆机

第三步，快速把鼻子凑过去，用力闻咖啡粉的香气，这个叫作干香，仅作参考之用。

第四步，用电热水壶将新鲜冷水（TDS 浓度为 100～250ppm）烧开，开盖静置约 30 秒。等到水温降至 92～95℃，再将热水分别倒入三杯咖啡粉中，须将咖啡粉润湿，如果杯测杯正好是 150 毫升的话，需要正好倒满。如果玻璃杯比较大，则可以事先画上一条表示 150 毫升容量的细线，保证彼此水位线一致即可。

第五步，静候咖啡粉焖蒸 3 分钟。在此阶段，相当一部分咖啡粉被萃取，但水面上会形成一个硬壳，咖啡的丰富香气将被封锁在硬壳以下的狭小空间里。

第六步，将杯测匙插入咖啡硬壳，从靠近自己的一侧向远离自己的一侧拨开，这一过程可称为"破壳"或者"破杯"。与此同时，将鼻子凑过去，用力深嗅溢出的大量香气，这个被称作湿香，也仅作参考之用。

图 5 - 3　三杯咖啡粉

第七步，用杯测匙搅拌，将水面上的泡沫消除，并将浮在水面上的咖啡渣颗粒舀到冰桶里，这个步骤要尽量快一些。

第八步，待温度降至 73℃ 时，舀一勺咖啡液，用啜饮法吸入口中，使咖啡液杂乱地吸向咽壁。气体成分通过鼻后部到达嗅区，并借助类似漱口的动作，让舌头每个部位都能感受咖啡液，同时可以通过咂嘴以带入更多空气，细细品味表 5 - 2 中的几项内容。

表 5 - 2　咖啡杯测关键指标

干香 （Fragrance）	刚刚研磨的咖啡粉释放的香气，COE 杯测中仅将其作为参考
湿香 （Aroma）	咖啡液释放的香气，因为水温干扰因素较多，COE 杯测中仅将其作为参考
味谱 （Flavor）	口腔中的整体风味，是水溶性味道与挥发性气味共同作用的结果，也是杯测中评价的核心要素之一
余韵 （Aftertaste）	咖啡液吞咽或吐出后，口腔里余味停留的收尾表现，通常是口评风味后紧接着感受的要素
酸度 （Acidity）	感受酸度不是感受其强弱，而是好坏品质，经常说令人愉悦的酸或令人讨厌的酸，优质咖啡酸是一种入口生津的愉悦快感

（续上表）

干净度 （Clean Cup）	指的是有无令人不愉悦的缺陷味道，尤其是咖啡液温度逐渐下降后，很多杂味就无处遁形了
甜度 （Sweetness）	甘甜来自果实成熟度，纯净度高的咖啡经常容易被感觉到，甜度也经常是咖啡液温度逐渐下降时捕捉的要素
醇厚度 （Body）	口腔中的压迫感或重量感，更多的是一种触感
平衡感 （Balance）	平衡感不仅指酸、甜、咸、苦等味道的均衡，也是如上所有条件之间的一种协调均衡之美

第九步，吞下或向冰桶中吐出咖啡液，呷一口纯净水清洁口腔后，再进行第二款咖啡的评测。其中甜度、一致性和纯净度要在咖啡液温度逐渐接近室温的过程中慢慢捕捉揣摩。

第十步，不再执着于具体细节，直接说出对每款咖啡的整体评价。

为了能够定量描述并保证公正，我们需要一份杯测评价表，最后通过计算总分（可能还涉及加权和扣分），来对杯测对象进行客观的整体评价。全世界有很多种杯测方法，如 SCAA 杯测、COE 杯测等。还有很多专家会用虹吸壶、法压壶或手工冲泡来做杯测，可以效仿但无太大意义，而建立起一套行之有效又简单易行的杯测工具才是最终的目的。

二、 SCAA 的咖啡杯测体系 （Cupping System）

美国精品咖啡协会（Specialty Coffee Association of America，简称 SCAA）作为目前世界上最权威的专业咖啡机构之一，其设立的专业咖啡杯测体系是用作对咖啡品质评价判定的方法、流程和标准的集合，虽然目前国内的大多数咖啡馆都不适合采用此种方法进行杯测，但其过程中的一些方法和细节对我国的从业者了解咖啡味道，进行杯测或许会有些帮助。美国精品咖啡协会的数字和标准委员会推荐这些标准用于咖啡杯测。这些准则能够确保对大多数咖啡的品质进行准确的评价。

1. 必备器具

SCAA 咖啡杯测必备器具如表 5 - 3 所示：

表 5 – 3　SCAA 咖啡杯测必备器具

烘焙必备	环境	杯测必备
杯测专用烘焙机	良好的光照	均衡（规格）
Agtron 烘焙测定仪或其他颜色测定仪	清洁，无干扰性气味	杯测杯子（带盖）
磨豆机	杯测桌	杯测长匙
	安静	热水壶
	舒适的温度	表格和其他文本材料
	限制干扰（禁止电话等）	铅笔和剪贴板

（1）杯测用杯子（Cupping Glasses）：SCAA 推荐使用 5 或 6 盎司的 Manhattan 或 Rocks 玻璃杯，175～225 毫升的瓷质汤碗也可以。杯子必须清洁、无异味并保持室温。杯盖可以是任何材料的。所有的杯子必须保持相同的容量、规格和材质。

（2）样品准备（Sample Preparation）：样品豆必须是烘焙后 24 小时以内并且至少放置 8 小时的咖啡豆。样品豆的烘焙标准应保持在 light 到 light – medium 的烘焙度，Agtron 值近似于：原豆 58，咖啡粉 63，误差为 +／－1（标准规格是 55－60 或者 SCAA Agtron #55）。

图 5 – 4　咖啡机

（3）烘焙（Roasting）：烘焙应该在8~12分钟内完成，不能出现明显的黑豆或焦煳豆。样品豆烘焙好后应该迅速用冷风冷却（不能用水冷却）。当样品豆冷却到室温（68 ℉，即20℃）时，应该将其放入密封盒或密封袋保存至杯测时，以减少与空气的接触并防止污染。样品豆应放置在阴凉的地方，但不要放入冰箱冷冻。

（4）规格定量：适宜的比率是每8.25克的咖啡粉用150毫升的水，这符合黄金杯（Golden Cup）配方许可范围的中间值。确定所用杯子的注水量，调节咖啡的量使误差上下浮动在0.25克以内。

2. 杯测准备

准备好咖啡豆并在杯测开始前现磨，磨好的咖啡粉到浸泡之前的放置时间不能超过15分钟，如果这一点不能保证的话，应把咖啡粉盖上并在研磨后30分钟以内用水浸泡。样品豆应该测量其原豆的重量，确保符合上述咖啡容量。咖啡研磨度要比常规的滤泡咖啡研磨度稍微粗些，使有70%~75%的咖啡粉能够通过美国标准的20号晒网。每种至少要准备5杯以确保样品的一致度。

在研磨每种生豆之前都要研磨一定量的咖啡豆来清洁磨豆机，然后逐次研磨每杯所需容量，确保每杯研磨量的一致性，研磨后把咖啡粉倒入杯子并立即盖上盖子。

注水（Pouring）：杯测用水应保持清洁无异味，但不要经过蒸馏或软化。理想的总溶解固体浓度是125~175ppm，但要保持在100~250ppm之间。

水应该是新鲜煮沸的水并且在冲泡时使其保持约200°F（93℃）的水温（水温还应根据海拔高度来调节）。

热水应直接浇注到咖啡粉上并达到杯子的边缘，确保所有咖啡粉都被浸湿。在杯测开始之前让咖啡粉静止浸泡3~5分钟。

表5-4　咖啡杯测质量量表

质量量表（Quality Scale）			
6.00—好（Good）	7.00—良好（Very Good）	8.00—优秀（Excellent）	9.00—极优秀（Outstanding）
6.25	7.25	8.25	9.25
6.5	7.5	8.5	9.5
6.75	7.75	8.75	9.75

这是建立在 16 绩点量表上，以 0.25 为增量建立的 6 ~ 9 分的质量等级评价表。理论上上述测量等级应该从最小的 0 分到最大的 10 分。样品豆得分低于上表最低分值的属于精品等级以下的品质。

3. 测评程序

首先应该通过视觉评价样品豆的烘焙颜色。这个将被记录下来并且可能会在下面评价具体风味特征时用作参考。随着咖啡降温，咖啡风味会发生变化，而下面对于各项特征的测评也是建立在这一基础上的。

第一步：测评干香/湿香。

在样品豆被研磨后的 15 分钟以内，打开盖子，并通过嗅闻咖啡粉来测评咖啡的干香。注入热水后，保持杯子内咖啡表层不被打破，静置 3 ~ 5 分钟。用长匙轻轻拨动咖啡表层 3 次以打破表层，并通过轻搅让咖啡的湿香通过长匙传递出来。记录下干香/湿香的得分。

第二步：测评味谱、余韵、酸度、醇厚度和平衡感。

当咖啡液温度降到 160 ℉（71℃）时，在注水后的 8 ~ 10 分钟以内，开始测评咖啡液。迅速将咖啡液啜吸到口中，尽量使吸入口中的咖啡液能更充分地接触口腔，特别是上颚和舌头表面。因为在这个温度时向喉咙和鼻腔方向散发的咖啡水汽具有最大的强度，所以应在此时测评味谱和余韵。

随着咖啡的温度继续下降（140 ~ 160 ℉，即 60 ~ 71℃），继续测评酸度、醇厚度和平衡感。平衡感是杯测者对于味谱、余韵、酸度、醇厚度的整体调和度的评价。随着咖啡变凉，杯测者对于不同特征的测评将在不同温度下进行若干次（2 次或 3 次）。按照 16 绩点量表，标注出每次的得分，如果有变化（如样品随着温度变化，较之先前品质提升或降低），重新标注水平分数线上的分值并且画个箭头指向最终得分。

第三步：测评甜度、一致度、干净度。

当咖啡液降到室温（100 ℉，即 38℃）以下时测评甜度、一致度和干净度。对于这些特征，杯测者对每一杯的每个特征可以给予 2 分的评分（最高分为 10 分）。当咖啡降到 70 ℉（21℃）时应结束杯测，整体得分将由杯测者根据以上特征的综合性评价给出杯测者评分。

第四步：计分。

所有评测进行完毕之后，计算出总得分并且在右边的手写栏里记下总得分。

三、 SCAA 评分项目

1. 评分项目1：干香/湿香

这是杯测时的第一个项目。干香指的是将咖啡磨成粉尚未以热水冲泡前所散发的挥发性香气，而湿香是指热水冲泡后产生的气化香。

可以从以下两个步骤来评定干香或湿香：

①热水冲泡前先闻杯内的咖啡粉香气，发觉特殊的干香，可记在香质栏内，以免忘记，因为干香评鉴后就会以热水冲泡咖啡粉，不可能再提供该样品的咖啡粉协助评审回忆。

②热水冲泡后，浸泡3～5分钟，以杯测匙破渣，闻其破渣的湿香，将特殊香气记录在香质栏内。

2. 评分项目2：味谱

味谱是指咖啡入口后，水溶性滋味与挥发性气味共同构建的味谱。换言之，味谱是由味觉对酸、甜、苦、咸四大滋味，以及嗅觉对气化物回应鼻腔的气味汇总的整体感观，杯测员闻完干香与湿香后，啜吸入口，在口腔中的滋味与回气鼻腔形成的味谱好坏，立即浮现，因此味谱被列为评分栏之首。

精品咖啡最重视的"地域之味"主要由味谱呈现。此栏的评分必须反映滋味与气味的强度、品质与丰富度。顶级精品咖啡，因独特滋味或香味而产生与众不同的味谱，是"地域之味"的表现。可将以下特色作为正向与负向的评分。

表5-5 味谱评分内容

正向	有特色（有特色指的是花香、蜜味、坚果、巧克力、水果、熏香、强烈、辛香）、厚实、鲜明、令人愉悦、有深度、有振幅
负向	清淡、土腥、豆腥、草腥、柴木味、麻布袋味、兽味、苦咸酸

3. 评分项目3：余韵

咖啡吞下或者吐掉后，用嘴嚼几下，会发觉滋味和香气并未消失，如果余韵无力并出现令人不舒服的涩苦咸或其他杂味，得分就会很低。余韵是捕捉香气、滋味与口感如何收尾的关卡，如果尾韵在甜香蜜味中收场，会得较高分；如果出现魔鬼的涩感尾韵，则会被扣分。

表 5 – 6　余韵评分内容

正向	回甘、余韵无杂、口鼻留香、持久不衰
负向	咬喉、苦涩、杂味、不净、不舒爽、厌腻

4. 评分项目 4：干净度

美国精品咖啡协会对干净度的解释为，咖啡喝下第一口至最后的余韵，几乎没有干扰性的气味与滋味，即"透明度"佳，没有不悦的杂味与口感。干净度是咖啡品质的起跑点，唯有纯净无杂味的咖啡，才能喝出精品豆的"地域味"，少了干净度，一切免谈。

表 5 – 7　干净度评分内容

正向	纯净剔透、无杂味、层次分明、空间感
负向	杂味、土味、霉味、木头味、药水味、过度发酵的异味

5. 评分项目 5：甜度

咖啡天然的甜感与其他含糖饮料的甜味不同，咖啡的甜味是由口腔的滋味与鼻腔的焦糖香、奶油香与花果香共同营造的独特甜感，非添加砂糖所能模仿。杯测所谓的甜度有两层意义：一为毫无瑕疵、令人愉悦的圆润味谱；二为先酸后甜的"酸甜震"味谱，此乃碳水化合物与氨基酸在焦糖化与梅纳反应产生的酸甜产物，不全是糖的甜味，饶富水果酸甜韵。

表 5 – 8　甜度评分内容

正向	酸甜震、圆润感、甜美
负向	青涩、未熟、尖酸、呆板

6. 评分项目 6：酸度

评定酸度先问自己，它的酸味是否喧宾夺主，太锐利难忍？它的酸味是否精致？它的酸味是否"酸震"一下，就羽化为愉悦的水果韵与甜香？它究竟是有变化的活泼酸，还是一路酸麻到底的死酸？酸而不香或欠缺内涵的死酸，不易得高分。

表5-9 酸度评分内容

正向	精致、活泼、刚柔并济、酸质突出、层次感、丰富、生津
负向	尖锐、粗糙、无力、呆板、醋味、酸败、无个性、碍口

7. 评分项目7：醇厚度

这是口感的一种，与香气、滋味无关。醇厚度是咖啡液的油脂、碳水化合物、纤维质或胶质感，它的品质取决于咖啡液在口腔造成的触感，尤其是舌头、口腔与上颚对咖啡液的触感。稠度高的咖啡是因为冲泡时，萃取出较高的胶质与油质，在品质的评分上，有可能得到较高的分数。

表5-10 醇厚度评分内容

正向	奶油感、乳脂感、丝绒感、圆润、滑顺、密实
负向	粗糙、水感、稀薄

8. 评分项目8：一致性

杯测的一致性指几杯受测的同一样品，不论入口的湿香、滋味与口感，均需保持一致的稳定性，才易得高分。

表5-11 一致性评分内容

正向	均一、同质
负向	起伏、无常

9. 评分项目9：平衡感

同一受测样品的味谱、余韵、酸味和口感，相辅相成，辉映成趣，也就是整体风味的构件，是缺一不可的平衡之美。如果某一滋味或香味太弱或太强，都不会得高分。

表5-12 平衡感评分内容

正向	协调、均衡、冷热始终如一、结构佳、共鸣性、酸味与厚实感和谐
负向	太超过、相克、突兀、味谱失衡

10. 评分项目 10：总评

样品的整体风味为评审员所钟爱或样品的某一特色让评审惊喜，都可能取得高分。

表 5 - 13　总评评分内容

| 正向 | 味谱丰富、立体感、振幅佳、饱满、冷热不失其味、花香蜜味 |
| 负向 | 单调乏味、不活泼、杂味、死酸味、咸味、涩感 |

总分：将大项的得分加起来即为总分。每一项满分为 10 分，满分 100 分。

表 5 - 14　最后得分等级

最后得分	精品标准	最后得分等级
90 ~ 100	超优	精品级
85 ~ 89. 99	极优	精品级
80 ~ 84. 99	非常好	精品级
低于 80 分	未达精品标准	非精品级

根据以上评分等级，咖啡师就能知道什么样的咖啡会得到高分，也是容易被人接受的，因此，做出的咖啡也可以参照以上评分规则，给出评价，这样也有利于咖啡品质的提升。

咖啡香的鉴别

● 任务目标

1. 了解咖啡香的感应原理
2. 认识咖啡香的种类
3. 了解相关的嗅觉术语

● 任务内容

一、 咖啡香味的感官评估

咖啡香味的感官评估分为三个阶段：嗅觉、味觉和口感。

咖啡嗅觉是获得咖啡香味的首要环节。任何东西只有变为气体才能被人的嗅觉感知到，这里所说的嗅觉是指嗅觉器官。人通过鼻子中鼻隔膜感受器接触挥发性的气体，通常是一些含有氢、碳、氧、氮、硫化物等化学物的刺激物。当这些物质以气体的形式进入人体或以水蒸气的形式通过食道吞咽被排出体外时，就会与人体的感受器接触，从而产生嗅觉。人的鼻隔膜能够分辨出数千种不同的气味。普通人能分辨出平均 4 000 ~ 6 000 种气味。

在人们正常的呼吸过程中，除非遇到一定浓度的异味（这里指不同于周围空气的气体），否则人的鼻隔膜是无法感受到这种异样气体的味道的。通常，用力吸气或吞咽小剂量的气体，鼻隔膜才会感受到。嗅觉区域含有基细胞、足细胞以及感觉细胞。人体内有 1 000 万 ~ 2 000 万个感受器。

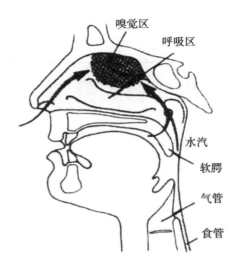

图 5－5　人体的嗅觉系统

　　对于气味的敏感性，人与人之间是有差异的，而且受外在因素的影响，如个体身体结构的差异、生理机制以及心理因素的影响。这种区别的结果是：同样的咖啡，在相同时间饮用，不同的人却能得到不同的气味感觉。另外，同一个人，在不同时间品尝同样的咖啡，也会尝出略微不同的气味来。总的说来，专业咖啡品尝人员之所以能较为客观地品评咖啡的气味，依赖的是他们经过多年实践而培养起来的对咖啡气味的高超记忆，而不是对某些气味刺激的高度的敏感性。

　　人对气味的感受过程是这样的：当用力吸气时，化合物以气体的形式进入嗅觉区。吞咽时，化合物以水汽的方式进入这一区域。当两种或更多种不同的气味同时刺激嗅觉时，人便会感受到不同的气味，通常在食品中出现这种情况，会导致以下六种情形之一：①各种气味混合在一起，形成一种新的气味；②当出现两种不同的气味时，两者先后被闻出来；③当出现两种不同的气味时，两者交替被闻出来；④两种不同气味同时被闻出来；⑤一种气味掩盖另一种气味；⑥一种气味中有另一种气味。

　　在咖啡的世界里，所有以上提及的情况都可能出现。这就是为什么咖啡具有独特的香味特征，同时也使人想起其他熟悉的自然界的物质。由于没有一个基础的气味存在，我们将气味按给人以不同感觉的化合物的特性分类。这些特性可以是分子重量、形态、极性等。分子结构能决定味觉感受器所感受到的气味的浓度和种类。

　　给气味划分类别时，咖啡中的芳香化合物类别可以按两种方法建立（主要通过分子重量大小划分结果）：第一种是按来源分类，第二种是按分子结构的相似性分类。

二、 咖啡香的描述

咖啡香由四部分组成：

- 干香（Fragrance）——从新鲜研磨的咖啡中发出的气体；
- 湿香（Aroma）——从新煮制的咖啡里发出的气体；
- 气味（Nose）——吞咽咖啡时从鼻腔里散发出的水汽；
- 余韵（Aftertaste）——吞咽咖啡后留在口中的余味。

品尝咖啡时，细细体味香味在不同阶段的特点，揭示不同阶段的香味特征，是准确评估一种咖啡香味的关键环节。

1. 干香

咖啡豆被研磨时其纤维被加热、破裂。释放出二氧化碳，然后从二氧化碳中萃取出其他有机物，并使它们在室温下变为气态。这些气体的主要成分是酯类，它们是构成咖啡干香的主要成分。通常咖啡的干香带有香甜味，类似某些花的香味。另外，咖啡干香有时还带些辛辣味。

图5-6 散发干香的咖啡豆

2. 湿香

咖啡粉末与热水接触，水的热量把咖啡粉纤维中的有机物从液体变为了气体。这些新释放出的气体的主要成分是大分子结构，如酯、乙醛和酮。它们是形成咖啡香味的主要因素，也是咖啡香中最复杂的气体混合物。总的说来，煮制咖啡的香味是水果味、草味和坚果味的综合，通常以水果味或草味为主。另外，如果咖啡吸附了其他气味，这些气味则很容易显现在新鲜煮制的咖啡里。

3. 气味

如果将咖啡啜入口中，或用力将咖啡送到喉咙的上腭后部，一些额外的在咖啡中以液体的形式出现的有机物就会在这个过程中被汽化。另外，原来在咖啡液中被束缚住的气体也会被释放出来，这些气体（水汽）的主要成分是糖碳酰基化合物，它们是形成气味的主要成分。这些化合物是在焙制时经过焦糖化反应形成的。所以，咖啡的气味通常非常接近天然糖经焦糖化反应后所生成的各种产品的气味。气味的特征主要取决于咖啡豆的焙制程度。

4. 余韵

把咖啡吞咽进喉咙。如在杯测咖啡的过程中，把空气从咽喉挤压进鼻腔时，在上腭的一些较重的有机物就会汽化、蒸发，这些气体将构成余韵的主要成分。"余韵"的字面意思是在舌头的味觉逐渐消失时口腔里的感觉。

咖啡豆中的纤维成分经干烧后，会形成许多重分子化合物。其气味接近木头，或是与木头相关的副产品，如松节油、木炭等。这些汽化物通常带有辛辣味，类似于某些种子或香料，或许带点巧克力的苦味。苦味是因为焙制过程中形成了对二氮杂苯化合物。

选择精确地描述咖啡的干香、湿香、气味及余韵四个方面的词汇，就定义了一种咖啡的芳香特征。除此四个方面，咖啡香还有另外一个方面：强度。强度主要描述的是组成咖啡香的有机化合物的丰富程度和力度。如果某种咖啡香完全但缺少力度，就可称为完全的或完整的咖啡。如果缺少咖啡香，则被定义为平淡的咖啡。

所以，要对某种咖啡香进行系统描述，必须包括对咖啡香里所有组成部分的描述。同时，还要包括对焙制后咖啡所呈颜色的描述。因为，在描述咖啡香的时候，咖啡焙制的深浅程度与咖啡的原产地一样重要。

● 知识链接

嗅觉术语

甜花香（Sweetly Floral）

新鲜焙制、研磨的咖啡豆香气中经常会含有甜花香的气味。从刚刚被粉碎的咖啡豆里散发出来的气体（主要是二氧化碳）里含有高挥发性的乙醛、酯，气味类似于花朵的芳香，如茉莉花香。

甜辛辣（Sweetly Spicy）

新鲜焙制、研磨的咖啡豆香气中经常会有甜辛辣味。从刚刚被粉碎的咖啡豆里散发出来的气体（主要是二氧化碳）里含有高挥发性的乙醛、酯，气味类似于香料，如小豆蔻。

松节油（Turpency）

在咖啡余韵中经常遇到，咖啡液被吞咽时释放出的水汽中含有弱挥发性的碳氢化合物和腈。该气味使人联想起树脂（类似于松节油的物质）或药（类似于樟脑的物质）。

炭味（Carbony）

通常在饮用深度焙制的咖啡后，余韵中常能发现炭的味道。吞咽咖啡时，在释放的水汽中找到由不易挥发的杂环化合物产生的炭的味道。这种味道让人联想起苯酚，与木焦油一类的物质接近，或联想起淀粉被烧煳的物质。

果味（Fruity）

杯测咖啡时经常遇到的气味。高挥发性的乙醛和酯类在咖啡煮制的过程中随温度升高成为气体后产生。气味有时甘甜，使人联想起柑橘类的水果；有时微酸，使人联想起浆果。

巧克力味（Chocolaty）

在咖啡余韵里常遇到的一种味道，在吞咽咖啡时释放的水汽里含有中等挥发性的对二氰杂苯化合物。这种物质残存在嘴里，会让人联想起不加糖的巧克力或香草。

草味（Herby）

杯测咖啡时经常遇到的气味。易挥发的乙醛和酯类在咖啡煮制的过程中随温度升高成为气体后便产生这种味道。气味有时像略带香味的蔬菜，如葱、蒜，有时像豆类的香味，如绿豌豆。

坚果味（Nutty）

在咖啡气味中经常感受到。在吞咽咖啡时，从鼻腔里散发出的水汽里含有中度挥发性的乙醛和酮，与许多烘烤过的坚果接近。

咖啡的味道

● 任务目标

1. 了解咖啡的四种基础味道
2. 认识一级咖啡的味道
3. 了解咖啡的酸性

● 任务内容

一、 基础味道

如果某个东西不呈现为液体，我们尝不到它的味道。味觉是味道的感觉，感觉器处于舌头上覆盖有黏液的隔膜中，其刺激物由可溶解的化合物组成。总的说来，舌头可以分辨出四种基础的咖啡味道：甜、咸、酸和苦。

（1）甜（Sweet）：具有糖、酒精和某些酸性溶液的特点。甜味主要是由舌尖部位菌状的乳突感觉出来。

（2）咸（Salty）：具有氯化物、溴化物、碘化物、硝酸盐和硫酸盐溶液的特点。主要由舌头前部边缘的菌状有叶乳突感觉出来。

（3）酸（Sour）：具有酒石、柠檬酸和苹果酸溶液的特点。主要由舌头后部边缘的菌状有叶乳突感觉出来。

（4）苦（Bitter）：具有奎宁、咖啡因和其他生物碱溶液的特点。主要由舌头后部的城廓状乳突感觉出来。

舌头上的不同区域对四种基础味道的敏感程度不同，咖啡味觉里包含了以上四种基础味道，其中三种——甜、咸和酸决定了咖啡的整体味道。这主要是因为产生这三种味道的化合物在咖啡里所占的比重最大。

尽管广大消费者经常用"苦"这个概念来描述糟糕的咖啡味。好像苦味是咖啡独有的特点，就像单宁酸对红葡萄酒带来的影响、啤酒花对啤酒的影响一样。把苦味作为咖啡独有的负面特点这一观点，从技术上讲是不正确的。苦味应该被认为是咖啡美味的因素之一，就好比茶、红葡萄酒和啤酒里的苦味一样。

二、 六种一级的咖啡味道

通过被称为味道混合的过程，几种基础味道互相作用，依照它们相对强度的大小，而形成新的味道。在咖啡味觉里，通过不同味道的结合，能生成六种新的味道：

（1）酸增加了糖里的甜味——酸质（Acidy）：主要是由舌尖感觉到。咖啡中的酸与糖相融合，增加了咖啡的整体甜度。

（2）咸增加了糖里的甜味——甘醇（Mellow）：主要是由舌尖感觉到。咖啡中的咸与糖相融合，增加了咖啡的整体甜度。

（3）糖降低了酸里的酸味——酒味（Winey）：主要由舌后部边缘部位感觉到。咖啡中的糖与酸相融合，降低了咖啡的整体酸度。

（4）糖降低了盐里的咸味——淡味（Bland）：主要由舌前部边缘部位感觉到。咖啡中的糖与咸相融合，降低了咖啡的整体咸度。

（5）酸增加了盐里的咸味——敏锐（Sharp）：主要由舌前部边缘部位感觉到。咖啡中的酸与咸相融合，增加了咖啡的整体咸度。

（6）盐降低了酸里的酸味——酸味（Sour）：主要由舌后部边缘部位感觉到。咖啡中的咸与酸相融合，降低了咖啡的整体酸度。

对味道的区分，多少取决于咖啡温度的高低。所以，杯测咖啡时，按照不同的温度进行品尝，才能对咖啡总体味道做出最精确的记录。咖啡的三种基础味道随温度的不同会发生不同的变化：

第一，温度升高，咖啡的甜味相对降低。同时在较高温度时，咖啡里的糖的作用大幅度降低，使得咖啡中的酸质或甘醇度产生很大的变化。

第二，温度升高，咖啡的咸味相对降低。当咸味的作用降低时，淡味和刺激程度表现出一定的变化。

第三，温度的变化不会影响咖啡的相对酸味，因为发酸的果酸成分是不受温度影响的。所以，酒味和酸味在温度改变时只有很小的变化。

分辨完咖啡的主要味觉以后，下一步就该决定咖啡的某一具体的味道在多大程度上与这几种味觉相符。这就得通过选择恰当的二级味道术语来描述味觉的走向。

例如，靠近甜味的酒味在二级咖啡术语里，被称为刺鼻的（Tangy），而靠近酸味的酒味，被称为酸刺的（Tart）。在寻找最恰当的二级术语时，人们往往发现困难在于他们缺乏足够的词汇，而不是分辨不出咖啡的各种味道。

三、 深度焙制的咖啡

深度焙制的咖啡中各种基本味觉的混合过程与其他咖啡不同。由于咖啡豆强烈的高温热分解，咖啡中的大部分糖分被分解，味觉中失去甜味。由于苯酚化合物的增加，甜味被苦味代替。

苦味经常被人们误解。食品中的苦味多被认为是不好的东西。然而，在某些食物中，如黑巧克力、某些啤酒、红葡萄酒和汤力水，苦味是它们的标志。在所有这些情形中，苦味对总体的味道具有很大的贡献，咖啡亦是如此。对以苦味为基础特征之一的食品和饮料的可接受性往往会引发最激烈的争议。尽管深度焙制的咖啡在咖啡市场上占有重要地位，其苦味往往影响人们广泛的接受程度。

（1）在咖啡里，苦味的成分有三个来源：

首先，苦味是某种非挥发性的酸，特别是绿原酸和奎宁酸的味觉特点。

其次，苦味是咖啡因、N-甲基烟酸内盐，咖啡豆中自然带有白水晶生物碱、茶叶、可可豆和可乐坚果的基本味道。

再次，苦味与苯酚、杂环化合物有关。苯酚和杂环化合物是在咖啡豆经过持续的高温热分解，从标准焙制咖啡过渡到深度焙制咖啡的过程中形成的。

品尝深度焙制咖啡时，经常会遇到四种组合情况。其中两种类似于标准焙制咖啡的组合过程：酸增加了盐里的咸味——敏锐；盐降低了酸里的酸味——酸味。另外两种则是深度焙制咖啡所独有的：苦味成分增加了酸质的酸味——苦涩（Harsh）；酸味降低了苦味成分的苦味——刺激（Pungent）。

（2）深度焙制咖啡的主要味觉。要想描述深度焙制咖啡的味道，第一步得辨别出其主要的几种味觉。第二步则是决定咖啡的某一具体的味道在多大程度上与这几种味觉相符。深度焙制的咖啡里有两种最主要的味觉：刺激和敏锐。而这两种味觉又可以进一步细分为四种二级味道：

- 敏锐向咸变化——粗糙（Rough）；
- 敏锐向酸变化——干涩（Astringent）；
- 刺激向酸变化——杂酚油味（Creosoty）；
- 刺激向苦变化——碱味（Alkaline）。

在分辨这四种味道时，我们会遇到深度焙制咖啡所特有的情况：

第一，由于温度对咖啡的苦和酸几乎没有什么影响，所以温度的变化不会对深度焙制咖啡的味道造成影响。

第二，咖啡豆中所含的许多果酸化合物在焙制时与糖化合物一起被燃烧掉了。所以在深度焙制的咖啡里，酸味很少会成为主要味道。

第三，当苦味成分的浓度增加时，苦味的感觉实际上呈减弱趋势。这就是为什么从口感上讲，浓缩咖啡的苦味低于用传统方法煮制出的同样的咖啡。

四、 咖啡酸性

也许在用来评价咖啡味道的术语里用得最不正确、误解最多的字眼就是"酸性"。这是一个表示量的术语，指被评估的液体里的酸性成分的相对强度。尽管咖啡术语"酸味的"与描写味觉的术语"酸性的"是相关的，但这两个术语并不能互换。实际上，被描述为"非常酸的"咖啡，其酸性却并不是很高。

在化学里，"酸"被定义为：一种含有氢原子的化合物。这个氢原子能够释放质子（氢离子）。这种化合物是可以从数量上测量的。对于食品技术人员，几乎所有饮料都是酸的。它们的相对强度可用 pH 值表示。pH 值是用来表述液体中自由氢离子的数量的。

咖啡里含有各种各样的酸，多数都能在其他农产品里找到。这些酸包括氨基酸，如天冬酰胺酸、谷氨酸和亮氨酸；苯酚，如咖啡酸、绿原酸和奎宁酸；脂肪酸，如醋酸、乳酸、柠檬酸、反丁烯二酸、酢浆草酸、磷酸和酒石酸。从品尝的角度来说，氨基酸的浓度超过正常值，就会产生甜味；苯酚的浓度超过正常值，就会产生苦味；而高浓度的脂肪酸会产生酸味。

1. 绿原酸

从浓度的角度来说，在咖啡液中苯酚系列所占的比例最大。在这个系列里所占成分最多的是绿原酸。咖啡里的绿原酸主要有三组：咖啡单宁酸、阿魏酰奎宁酸和双咖啡单宁酸。尽管很少有人研究绿原酸的感官特性，但有研究结果表明，各种酸的数量（罗布斯塔咖啡多于阿拉比卡咖啡）和不同比例（某些酸在未成熟的豆与熟过头的豆中的浓度高于正常成熟的豆）在人们对某种咖啡认同程度上起着主要作用。

绿原酸系列也决定着新鲜煮制的咖啡的味道。绿原酸非常不稳定。咖啡壶里咖啡的绿原酸会分解为咖啡酸与奎宁酸，特别是当温度在 80℃ 以下或 85℃ 以上时。分解以后，奎宁酸会立即显现出明显的苦味，咖啡酸则显现出酸味。酸味和苦味混合，形成酸苦的口味与陈咖啡的气味。

2. 脂肪酸

另外一种很重要的酸是脂肪酸。尽管它的量不是最大，但它往往能够产生最大量的氢离子。由 pH 值测量出来的氢离子，与咖啡的酸味是有关的。从品尝的角度看，脂肪酸使咖啡的味道具有了明亮感（Brightness）和香味。这也是具有高酸度的咖啡（pH 值为 4.8~5.1）通常卖价高的原因。

咖啡中酸的强度从小到大依次为：酒石酸、柠檬酸、苹果酸、乳酸和醋酸。另外，酸浓度也影响咖啡液的其他的主要味道，特别是甜味。每一种酸会有它特有的味道，如柠檬酸的柠檬味、乳酸的黄油味、苹果酸的苹果味等。但是它们更容易通过嗅觉被感觉出来而不是味觉。咖啡里的醋酸是特例，它的出现，一般是水洗咖啡发酵的结果。对于发酵程度的控制是这种加工手段质量控制的关键。如果生成的醋酸过多，生豆就会产生水果味。而水果味的出现意味着煮制咖啡里会有极其令人厌恶的发酵味道。

3. 有机酸

与葡萄酒相比，咖啡里影响其味道的酸是有限的。这就是咖啡的香味多锁在咖啡香中的原因。由于酒中果酸复杂多变的味道，品酒的过程是一个有趣的味觉运动过程。而由于咖啡中存在各种复杂的、挥发性的成分，咖啡的杯测也给嗅觉提出了挑战。

● 知识链接

咖啡液中水溶性化合物的分类及味道术语

咖啡液中水溶性化合物可以按照它们所产生的味觉进行分类，如表 5-15 所示。

表 5-15　咖啡液中水溶性化合物分类表

成分	味觉	化合物
焦糖	苦、甜	碳水化合物、氨基酸化合物
矿化物	咸	钾、钠、磷、钙、氧、镁等氧化物
生物碱	苦	咖啡因、葫芦巴碱
非挥发性的酸	苦、酸	酒石酸、苹果酸、奎宁酸、柠檬酸、咖啡酸、绿原酸

咖啡杯测中有多个味道术语，如表5-16所示。

表5-16 咖啡杯测味道术语

一级味道术语	变异	二级味道术语
酸质	朝着甜味变化	带辛辣味（Nippy）
	朝着酸味变化	辣味（Piquant）
甘醇	朝着甜味变化	和软（Mild）
	朝着咸味变化	精细（Delicate）
酒味	朝着甜味变化	刺鼻（Tangy）
	朝着酸味变化	酸刺（Tart）
淡味	朝着甜味变化	柔和（Soft）
	朝着咸味变化	中性（Neutral）
敏锐	朝着咸味变化	粗糙（Rough）
	朝着酸味变化	干涩（Astringent）
酸味	朝着咸味变化	苦辣（Acrid）
	朝着酸味变化	生硬（Hard）

● 回顾总结

通过对模块五的学习，我们主要了解了如何对咖啡进行测评，如何鉴别一杯品质优良的咖啡，认识了咖啡的香味、气味等专业术语，学习了咖啡鉴定的一些基础知识，这将为大家以后更加深入地学习咖啡知识、改善咖啡风味提供一些帮助。

● 技能训练

1. 尝试测评通过不同比例拼配的咖啡。
2. 练习用嗅觉来鉴别咖啡。

● 练习题训练

单项选择题

1. 咖啡中的（　　）会造成心跳加速。

A. 单宁酸　　　　B. 碳水化合物　　C. 咖啡因　　　　D. 葡萄糖

2. 适合制作咖啡的水温为（　　）

A. 80~85℃　　　B. 88~95℃　　　C. 95~98℃　　　D. 100~110℃

3. 用单向排气阀包装好的咖啡豆，不宜存放在（　　）条件下。

A. 避光、透气　　B. 光照强、高温　C. 防潮、透气　　D. 防潮、密封

4. 烘焙程度越深，咖啡的口味越（　　）

A. 酸　　　　　　B. 苦　　　　　　C. 甜　　　　　　D. 香

模块六

咖啡与健康

学习目标

1. 了解咖啡的成分
2. 认识咖啡的功效
3. 了解咖啡与健康、美容、减肥的关系
4. 能引导消费者正确地认识和饮用咖啡

　　咖啡与健康的关系一直是科研人员们研究的话题，很多人都知道咖啡可以提神，但这只是冰山一角，咖啡还有很多功效鲜为人知。同时咖啡是最有争议性的饮料，人世间惨遭医学"白色恐怖"最严重的饮品，非咖啡莫属。百年来各种检验分析堆积如山，有褒有贬，咖啡的消费量也因此起伏不定。那么今天就让我们一起来还原咖啡的真相，为咖啡正名，正确饮用咖啡，为生活增添情趣吧！

任务一
咖啡的成分

● **任务目标**

1. 了解咖啡的成分
2. 熟悉各种成分对人体的影响

● **任务描述**

请同学们根据自己对咖啡的认识，用 3～4 个词汇描述出你心目中的咖啡吧！

● **任务内容**

提到咖啡的成分，大多数人可能最先想到的是咖啡因，而对咖啡中的其他成分可能就不太熟悉了。本节将主要介绍咖啡中的这些成分，只有了解了这些，我们才能知道怎样喝咖啡更有益。

每 100 克咖啡豆中含水分 2.2 克、蛋白质 12.6 克、脂肪 16 克、糖类 46.7 克、纤维素 9 克、灰分 4.2 克、钙 120 毫克、磷 170 毫克、铁 42 毫克、钠 3 毫克、维生素 B2 0.12 克、烟酸 3.5 毫克、咖啡因 1.3 克、单宁 8 克。

而每 100 克咖啡浸出液中含水分 99.5 克、蛋白质 0.2 克、脂肪 0.1 克、灰分 0.1 克、糖类微量、钙 3 毫克、磷 4 毫克、钠 2 毫克、维生素 B2 0.01 毫克，烟酸 0.3 毫克。

1. 咖啡因

咖啡因是咖啡所有成分中最受人瞩目的。它属于植物黄质（动物肌肉成分）的一种，性质和可可内含的可可碱、绿茶内含的茶碱相同，烘焙后减少的百分比极其微小，咖啡因的作用极为广泛，会影响人体脑部、心脏、血管、胃肠、肌肉及肾脏等各部位，适量的咖啡因会刺激大脑皮层，促进感觉判断、记忆、感情活动，让心肌机能变得比较活泼，血管扩张，血液循环增强，并提高新陈代谢机能。咖啡因也可减轻肌肉疲劳，促进消化液分泌。除此之外，由于它也会促进肾脏机能，将体内多余的钠离子（阻碍水分子代谢的化学成分）排出体外，所以在利尿作用增强的情况下，咖啡因不会像其他麻醉性、兴奋性物（麻醉药品、油漆溶剂、兴奋剂之类）一样积在体内，两个小时左右便会被排泄掉。咖啡风味中的最大特质——苦味，就是由咖啡因造成的。

2. 单宁酸

除了咖啡因，单宁酸算是咖啡中第二重要的成分了，单宁酸在医学上用于消炎解毒，它很容易溶于水，使咖啡产生酸味与甜味。

3. 脂肪

咖啡中含的脂肪，在风味上占极为重要的地位，分析发现咖啡内含的脂肪有40多种，而其中最主要的是酸性脂肪和挥发性脂肪，酸性脂肪是指脂肪中含有的酸，其强弱会因咖啡种类的不同而各异，挥发性脂肪是咖啡香的主要来源。脂肪在新鲜烘焙的咖啡中含量较高，随着时间的推移含量会逐渐减少。烘焙过的咖啡豆内所含的脂肪一旦接触到空气，会发生许多变化，味道、香味都会变差。当然，这里的脂肪多数不会被人体吸收，相反，咖啡还会帮助人体消耗脂肪。

4. 蛋白质

咖啡中的主要热量来源于蛋白质。因为蛋白质在咖啡中所占的比例并不高，而且在冲泡咖啡时并不能完全溶于水，尤其是以滴滤式冲泡出来的咖啡，蛋白质多半不会溶出来，所以咖啡喝再多，摄取到的蛋白质也是有限的，这也就是咖啡会成为减肥圣品的缘故。

5. 糖分

咖啡生豆中的糖分在烘焙后会转变为焦糖，同时变成褐色，是咖啡的主要颜色。焦糖与单宁酸结合生成果酸味。很多人认为咖啡是苦的，不存在什么甜味在里面，这是错误的看法，其实上等的咖啡不仅有甜味而且回甘还很强烈。

6. 矿物质

咖啡中含有人体所需的矿物质成分及微量元素，主要有铁、磷、碳酸钠、硫黄、硅等，这些比较复杂的成分形成了咖啡的涩味。

7. 粗纤维

咖啡豆中还存在一定的粗纤维，烘焙后豆中的粗纤维被炭化。在一定程度上，粗纤维会影响咖啡的风味，所以为防止粗纤维受潮或者被氧化，应尽量在冲泡之前对咖啡豆进行研磨。故我们并不鼓励购买粉状咖啡豆，因为无法品尝到咖啡的风味。

● **知识链接**

　　世人最爱的四种饮料——咖啡、可可、可乐和茶，都含有咖啡因。全球每年要消耗 12 万吨咖啡因，足以供全球消费者每人每年喝下 260 杯用以提神的茶或咖啡。其中至少有 6 万吨的咖啡因来自咖啡豆，其他则由可可豆、茶叶和可乐种子提供，极少部分在实验室合成。咖啡豆成了人类对咖啡因需求的最大来源。咖啡因的致命量大约为 10 克，每小杯浓缩咖啡含 70～100 毫克咖啡因，要一口气喝下 100 杯浓缩咖啡或 50 大杯卡布奇诺才会导致身亡。因咖啡因具有药性，所以，请切勿酗咖啡，饮用咖啡每日不要超过 3 杯，适量为宜。

任务二 咖啡的功效与健康

● **任务目标**

1. 熟悉咖啡的几种功效
2. 掌握正确饮用咖啡的方法

● **任务描述**

咖啡中既然含有这么多成分，那一定存在对人体有益和无益之分了，怎样喝才能既享了口福，同时又不失健康呢？本节我们就来学习咖啡的功效与饮用方法，了解这些，我们才能明白在什么时间喝咖啡、喝多少咖啡才能喝出它的最大功效。

● **任务内容**

咖啡豆，纯天然植物咖啡树的健康果实——咖啡果的一部分，且恰恰源自其最具营养的部分——果实的种子。黑咖啡是纯天然饮食这一事实，注定了咖啡健康无害的本质。

一、 咖啡的功效

1. 提神醒脑

众所周知，咖啡可以提神，是因为有咖啡因，咖啡因可以刺激大脑皮层的神经细胞，使人进入短时间的兴奋状态，促进感觉记忆，头脑因此变得清醒，思维变得敏捷，思路变得清晰，甚至能激发人的灵感。所以不管你是在工作还是在创作，来杯咖啡，你会发现创作出的东西是如此的精彩。还有，咖啡可以使人变得愉悦，午后灿烂的阳光让人慵懒，来杯咖啡，它会让你远离忧郁，感受生活的美好。

2. 促进消化

咖啡有促进消化、改善便秘的功效，因为咖啡可以刺激胃分泌更多的胃酸。一顿美食之后来一杯咖啡，不仅可以解除油腻，还可以保持身材。

3. 减肥塑身

黑咖啡能够减肥并不是传说而是事实。从直接角度来说，饮用咖啡时能通过咖啡因刺激人体产生热量，加速新陈代谢，从而减轻体重（需要运动配合）；从间接角度来说，黑咖啡不仅几乎不含热量，用黑咖啡取代其他饮品（如碳酸饮料、鲜榨果汁等）是减少摄取卡路里的最有效途径。

4. 医疗保健效果

咖啡在医疗保健方面也有特效，因为咖啡里含有多酚化合物成分，具有抗氧化作用，可以延缓衰老，促进血液循环，预防心血管疾病。

喝咖啡是美国等很多咖啡消费国民众抗氧化剂的主要方法，甚至超过了吃蔬菜和水果。天然抗氧化剂（如绿原酸）能够预防癌症、心脏病、心脑血管疾病、中风和白内障等。所以，给父母购买优质咖啡，鼓励老人们每天适当饮用，是年轻人尽孝道的好办法。

这些年，国外关于咖啡健康性的专业报道很多，困扰人类的很多顽疾也都从小小的咖啡豆上找到了突破口。在不远的将来，咖啡将会有越来越多的营养成分和功效被人们挖掘和报道。

二、 如何正确地饮用咖啡

虽然咖啡有这么多的好处，但也并非人人都适合，而且喝咖啡绝不是多多益善。过量喝咖啡或者不适宜的人喝咖啡，都会产生副作用。

1. 不要过量饮用咖啡

有些人非常喜欢喝咖啡，上班时间或者晚上熬夜时会一杯接着一杯地喝，虽然咖啡能起到提神的作用，但如果过量饮用，则会使人焦躁不安、心跳加速、血压上升、头痛、恶心、失眠，这是摄取过量的缘故。若长期下来，还可能会影响神经系统的正常功能，产生反应迟钝、记忆力减退等副作用。咖啡因本身并非绝无益处，只在于摄取量是否适宜。通常营养师会建议每天摄取的咖啡因不应超过200毫升，大约是 2~3 杯咖啡所含的量，在这个范围内不会产生任何副作用。但是，茶、可可、巧克力及可乐中也都含有咖啡因，应该一并计算。孕妇的新陈代谢稍缓慢，也应少喝一些。

2. 注意饮用咖啡的时间

喝咖啡最好在餐后进行，因为这样不仅可以帮助消化，还可以帮助消除多余脂肪，特别是在一顿饱餐之后喝咖啡就更好了。空腹是不适合喝咖啡的，因为空腹喝咖啡对肠胃的刺激比较大。睡觉之前也不要过量饮用咖啡，因为咖啡会影响睡眠质量，甚至导致失眠。熬夜的时候也不建议喝咖啡，因为通常这时候你会不知不觉地饮用过量。

3. 不适宜饮用咖啡的人群

咖啡会加剧高血压病情的恶化，因为咖啡因可以使血压上升并持续长达12小时，所以高血压患者不仅应避免喝咖啡，还应该避免喝含有咖啡因的饮料。咖啡还会加重胃病，因为咖啡对肠胃刺激较大，胃病患者应该忌饮咖啡。另外，咖啡会加快人体中钙的流失，所以，经常喝咖啡的人还要注意补钙。患有骨质疏松的人、老年人及更年期的女性都不适合喝咖啡，因为他们更需要补充钙质。孕妇也不适合饮用咖啡，因为咖啡会影响胎儿的发育，并增加流产的风险。儿童与处于生长发育期的青少年也不适合饮用咖啡，特别是儿童，他们的肝肾发育还不够健全。

我们常看到许多人只喝咖啡，这种喝咖啡的方式是不益于健康的。应该在品咖啡时配搭一杯白开水，这样做有两种好处：第一，在品咖啡前先喝一口白开水，冲掉口中异味，再品才会感受到咖啡的香醇；第二，由于咖啡的利尿功能，多喝白开水，提高排尿量，促进肾代谢系统循环。这样，既品味了咖啡的美味，又不必担心上火，真是一举两得。

● 知识链接

酵素咖啡

现代科学研究证明：随着生活节奏的加快，身体很容易摄入各种油脂，从骨头汤到红烧肉，从水煮鱼到色拉油，再加上长期不运动，油脂进入人体就被转化成脂肪！从固态的脂肪，到液态的油，身体变成"大油库"，特别是在褶皱最多的肠道，最容易积存油脂，一日三餐地吃，却不及时燃脂排油，身体当然越来越胖！

而肥胖是由因酵素（脂肪酶）不足引起，酵素是用来分解、燃烧以及分配脂肪的，酵素能迅速进入人体细胞内部，加速脂肪燃烧分解，提高消化系统的活力和工作效率，全面补充人体所需营养，促进减肥和排毒养颜双重功效的完美结合！

酵素（Enzyme），又称"酶"，是一种活性蛋白质，主要由20多种有益人体的氨基酸所组成。它可以提高消化系统的活力，全面补充人体所需的营养。美国著名学者波以尔是这样描述酵素的："酵素好比细胞的货币，没有酵素就没有生命。"

目前推出的酵素咖啡以黑咖啡为载体，配以苹果醋、膳食纤维、胶原蛋白粉、水果等，具有明显的减肥效果，深受爱美女士的欢迎。在日本就掀起了"酵素咖啡减肥"的风潮，这股风还刮到了中国台湾。

绿原酸——咖啡中的黄金

饮料作物咖啡，作为茜草科咖啡属的多年生灌木或者小乔木，在中国主要种植于云南与海南两省。云南省的普洱、思茅、保山、德宏等地是阿拉比卡种小粒咖啡的主产区。咖啡作为世界三大饮品之一，所含的活性成分——咖啡因和绿原酸具有多种药用价值。咖啡含有丰富的活性物质，集中多酚类化合物占咖啡豆干重的 $0.2\% \sim 10\%$，咖啡因占 2% 左右。绿原酸和咖啡因是其中主要的活性成分，而且它具有多种药理作用，如抗病毒、抗氧化、抗癌、消脂、抑菌等作用已被科学界证实。同时，绿原酸具有保肝利胆、抗白血病、免疫系统、解痉、降压、兴奋中枢神经系统以及增加肠胃蠕动能力、促进胃液及胆汁分泌的作用。因此，又被称为"咖啡中的黄金"。

● 回顾总结

通过对模块六的学习，我们了解了咖啡的主要成分，掌握了咖啡的各种功效，清楚了如何正确地饮用咖啡，了解了哪些人群不适合饮用咖啡，对咖啡有了一个正确的客观的认识，能引导消费者正确认识和饮用咖啡。

● 技能训练

1. 尝试利用所学的咖啡知识指导他人饮用咖啡、鉴别咖啡。
2. 尝试使用所学的咖啡知识指导自己的饮食，成就健康体魄。

● **练习题训练**

一、单项选择题

1. 咖啡风味中苦味的主要来源是（　　）。
A. 咖啡因　　　　B. 单宁酸　　　　C. 蛋白质　　　　D. 脂肪

2. 咖啡风味中酸味的主要来源是（　　）。
A. 咖啡因　　　　B. 单宁酸　　　　C. 蛋白质　　　　D. 脂肪

3. 咖啡风味中香气的主要来源是（　　）。
A. 咖啡因　　　　B. 单宁酸　　　　C. 蛋白质　　　　D. 挥发性脂肪

4. 咖啡中的主要热量来源于（　　）。
A. 咖啡因　　　　B. 单宁酸　　　　C. 蛋白质　　　　D. 脂肪

5. 咖啡的主要颜色——褐色源自于咖啡成分中的（　　）。
A. 糖分　　　　　B. 单宁酸　　　　C. 蛋白质　　　　D. 矿物质

6. 以下哪个时间段适合饮用咖啡？（　　）
A. 早晨　　　　　B. 餐后　　　　　C. 餐前　　　　　D. 睡觉前

7. 以下哪类人群适合饮用咖啡？（　　）
A. 高血压患者　　　　　　　　　B. 孕妇
C. 患有骨质疏松症人　　　　　　D. 身体健康的大学生

8. 正常饮用咖啡的量应该控制在每天（　　）。
A. 100毫升　　　B. 200毫升　　　C. 300毫升　　　D. 400毫升

二、判断题

1. （　　）咖啡是一种非常健康的饮料。

2. （　　）摄取适量的咖啡因对人的身体有益。

3. （　　）咖啡是一种高蛋白、高热量的饮品。

4. （　　）咖啡是苦的，不存在什么甜味。

5. （　　）为防止咖啡中的粗纤维受潮或者被氧化，应尽量在冲泡之前研磨咖啡豆。

6. （　　）咖啡中含有人体所需要的矿物质及微量元素，这些比较复杂的成分形成了咖啡的涩味。

7. （　　）空腹喝咖啡有助于减肥。

8. （　　）一顿大餐之后喝一杯咖啡可以帮助消化，消除多余的脂肪。

三、思考题

1. 上网查阅速溶咖啡与低因咖啡的相关知识，与同学们讨论并分享你的观点。

2. 你知道咖啡渣有哪些用途吗？

参考文献

［1］齐鸣. 咖啡·咖啡［M］. 南京：江苏科学技术出版社，2012.

［2］王德磊. 享香浓咖啡［M］. 北京：电子工业出版社，2013.

［3］王立职. 咖啡调制与服务［M］. 北京：中国铁道出版社，2008.

［4］［日］藤田政雄. 闲品咖啡［M］. 牛艳玲译. 沈阳：辽宁科学技术出版社，2012.

［5］［美］苏珊·吉玛. 我爱咖啡！［M］. 何文译. 北京：北京科学技术出版社，2012.

［6］［日］成美堂出版编辑部. 享受香浓咖啡［M］. 王昕昕译. 沈阳：辽宁科学技术出版社，2011.

［7］［美］琼·科伦布里特，凯茜·扬格. 品味咖啡［M］. 姚小莊译. 北京：化学工业出版社，2012.

［8］韩怀宗. 咖啡学：秘史、精品豆与烘焙入门［M］. 北京：化学工业出版社，2013.

［9］杨海铨. 点击率最高的咖啡馆饮品［M］. 北京：中国纺织出版社，2011.

［10］韩怀宗. 新版咖啡学：秘史、精品豆、北欧技法与烘焙概论［M］. 台北：写乐文化有限公司，2014.

［11］柯明川. 精选咖啡：成为咖啡专家的第一本书（第2版）［M］. 北京：旅游教育出版社，2012.

［12］龙文静. 咖啡豆中咖啡因与绿原酸的研究进展［J］. 广西轻工业，2010（1）.

［13］郭光玲. 咖啡师手册［M］. 北京：化学工业出版社，2008.

［14］［美］安东尼·威尔蒂. 咖啡：黑色的历史［M］. 赵轶峰译. 长春：东北师范大学出版社，2008.

［15］世界卫生组织：酵素咖啡，在排毒中快乐减肥［EB/OL］.（2012－11－13）. http：//lady. qq. com/a/20121113/000221. htm.

参考答案

模块一

材料分析题

（1）东南部。 交通便利；高原地区气候凉爽；西方殖民者最早开发的地区。

（2）1月受赤道低压控制，盛行上升气流，降水多；7月受东南信风控制，降水较少。

（3）气温适宜；降水适中；地处适宜咖啡生长的海拔高度。

（4）发展咖啡深加工，延长产业链；发展科技，培养优良品种；完善交通；推进农业规模化、专业化发展等。

模块二

单项选择题

1. C　　　2. C　　　3. B　　　4. C　　　5. B　　　6. A

7. B　　　8. D

模块三

一、单项选择题

1. C　　　2. C　　　3. A　　　4. A　　　5. C　　　6. D

二、判断题

1. √　　　2. ×　　　3. √　　　4. √　　　5. √　　　6. ×

模块四

一、单项选择题

1. B　　　2. D　　　3. B　　　4. A　　　5. A

二、判断题

1. √　　　2. ×　　　3. ×　　　4. √　　　5. √　　　6. ×

模块五

单项选择题

1. C   2. B   3. B   4. B

模块六

一、单项选择题

1. A   2. B   3. D   4. C   5. A   6. B

7. D   8. B

二、判断题

1. √   2. √   3. ×   4. ×   5. √   6. √

7. ×   8. √

三、思考题

1. 略。

2. 略。

国家中等职业教育改革发展示范项目建设系列教材

顾 问 姜 蕙
总主编 余少辉

KEBIANCHENG KONGZHIQI SHIXUN ZHIDAOSHU

可编程控制器
实训指导书

叶志坚 主 编

张群宣 余健文 副主编

华南理工大学出版社
SOUTH CHINA UNIVERSITY OF TECHNOLOGY PRESS

·广州·

图书在版编目（CIP）数据

可编程控制器实训指导书/叶志坚主编 . —广州：华南理工大学出版社，2015.4
（国家中等职业教育改革发展示范项目建设系列教材）
ISBN 978 – 7 – 5623 – 4625 – 8

Ⅰ. ①可…　Ⅱ. ①叶…　Ⅲ. ①可编程序控制器 – 中等专业学校 – 教学参考
资料　Ⅳ. ①TM571. 6

中国版本图书馆 CIP 数据核字（2015）第 090027 号

可编程控制器实训指导书
叶志坚　主编

出　版　人：韩中伟
出版发行：华南理工大学出版社
　　　　　（广州五山华南理工大学 17 号楼，邮编 510640）
　　　　　http：//www. scutpress. com. cn　　E-mail：scutc13@ scut. edu. cn
　　　　　营销部电话：020 – 87113487　87111048（传真）
项目策划：毛润政
执行策划：王柳婵
责任编辑：刘　锋　龙　辉
印　刷　者：广州市穗彩印务有限公司
开　　　本：787mm×1092mm　1/16　印张：8　字数：171 千
版　　　次：2015 年 4 月第 1 版　2015 年 4 月第 1 次印刷
定　　　价：20. 00 元

国家中等职业教育改革发展示范项目建设系列教材

编委会

总 序

  中等职业教育作为国民教育的重要组成部分，占据了我国中等教育的半壁江山。中等职业教育承担了为社会经济发展培养和输送中级技能型人才的主要任务，承担了促进中职学生成人、成德、成才的教育任务。因此，中等职业学校的教材必须具有人文教育性、职业特色性和紧随社会经济发展的时代性。

  随着社会经济发展和产业结构的转型升级，中等职业教育将随之进入发展的新常态。社会经济发展对技能型人才的要求也将提出新的标准。社会对技能型人才要求的核心集中在"德技"二字。为此，我们提出"德技树人、德技立身"的职业教育理念，并强调：中职教育的教材要成为培养学生"德技"的载体，成为塑造学生良好品德，培养学生良好职业素养和现代职业技能的载体。基于此，我们成立了由教育、行业、企业等领域的专家组成的编撰委员会，指导我校旅游服务与管理、计算机网络技术和电子与信息技术等三个国家示范校重点建设专业的教材编写。在专家的引领下，同时根据社会经济发展、行业特点、岗位特点以及教育规律，我们编写了这套系列教材，以期更好地为培养适应社会经济发展的技能型人才服务。我们相信，这套系列教材能够充分体现理论与技能并重、行业标准与培养目标结合的职业教育特色。

  在本套系列教材的编写过程中，我们参考了大量的文献和专著，并得到了广东省著名教育专家姜蕙女士、广东技术师范学院张辉教授以及韶关市旅游局有关领导的大力支持，在此一并对这些教育专家、行业企业专家以及相关编者、作者致以感谢。

韶关市中等职业技术学校校长

2015 年 3 月

前　言

可编程控制器（PLC）自20世纪60年代发明以来，技术进展非常迅猛，并且由于其高可靠性和灵活性等优点而广泛应用于机电一体化、工业自动化控制等领域，社会对可编程控制器方面的技术人才需求量相当大，针对该需求，劳动部门也相应设立了"可编程控制器程序设计师"岗位证书制度，而且在维修电工岗位中，高级工以上的技能考证都已加上PLC的内容，所以可编程控制器技术是中职学校各电类相关专业的重要课程。

但中职学校的学生在学习PLC课程时，对PLC的编程学习总觉得难以入门。笔者认为，PLC的设计初衷就是让PLC成为普通电类技工能够掌握和应用的一种设备，本来不应该难学，学生感觉难学的原因之一就是现在通行的教材在编排方面有不合理之处，因此笔者从多年的教学经验出发，编写一本自认为相对合理的适合中职学生知识和技能水平的实训指导书。

可编程控制器技术是一门实践性很强的技术，本书结合三菱公司的学习软件FX－TRN－BEG－C，以及现在中职学校较为普及的YL－235光机电一体化实训设备，从生产和生活实践中提炼出多个项目实例，以实例结合指令，以项目化的任务为驱动，力求通俗易懂，注重技术实用，由浅入深、循序渐进地对三菱FX$_{2N}$可编程控制器的基本指令、步进指令、内部软元件以及功能指令进行讲授，让学生在实践中轻松地掌握PLC的编程方法和技巧。

本书可作为中职学校机电类、自动化类及电类相关专业的教材使用，也可作为工程技术人员的培训教材或自学参考用书。由于编者水平有限，不足之处在所难免，敬请各位同行和高人指正，不胜感激。

编者
2015年3月

目录

1　认识可编程控制器

任务1　了解可编程控制器

学习目标

（1）认识 PLC 的外形。

（2）了解 PLC 的工作模型。

任务内容

1987 年国际电工委员会（International Electrical Committee）颁布的 PLC 标准草案中对可编程控制器（Programmable Logical Controller，PLC）做了如下定义：

"PLC 是一种专门为在工业环境下应用而设计的数字运算操作的电子装置。它采用可以编制程序的存储器，用来在其内部存储执行逻辑运算、顺序运算、计时、计数和算术运算等操作的指令，并能通过数字式或模拟式的输入和输出，控制各种类型的机械或生产过程。PLC 及其有关的外围设备都应该按易于与工业控制系统形成一个整体，易于扩展其功能的原则而设计。"

上面所述的是可编程控制器的比较规范的定义，而当我们初步开始学习可编程控制器的知识时，会觉得这个定义太繁杂。为此我们应尽可能简明地理解 PLC。

我们先以一个简单的电路为例说明电路的控制过程，如图 1-1 所示。

图 1-1 的控制过程是：开关 K 闭合后，灯 L 亮。这个电路有一个电源，一个开关，一个用电器，如果要把这个电路改成用 PLC 控制，应如何处理呢？

三菱 FX$_{2N}$ 48MR 是一款常用的可编程控制器，其外形如图 1-2 所示。

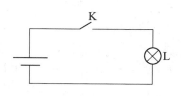

图 1-1　简单电路

图 1 - 2　FX$_{2N}$ 48MR 外形

其中上两排为输入端子 X 的接线柱，下两排为输出端子 Y 的接线柱。

这时可把开关接到 PLC 的输入端子上，灯接到输出端子上，如图 1 - 3 所示。

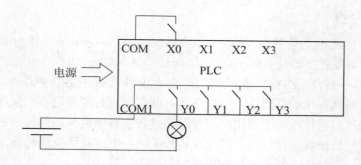

图 1 - 3　继电器输出型 PLC 接线示意图

图 1 - 3 为使用继电器输出型 PLC 的接线示意图，按此图连接，开关 K 不再与灯直接串联，而是与 PLC 的输入端子 X0 相连，灯 L 则与 PLC 的输出端子 Y0 相连，灯 L 是否亮由 PLC 内的 Y0 是否通控制。

从图中可以看出，PLC 可简单地理解成一组可控开关，这组开关的通和断受程序控制，而程序由工程技术人员编写，程序编写好后可以完全不受外界的各种状况影响，按设定的时间和条件自动运行，也可从输入端子输入各种控制信号或产生现场的反馈信号决定运行过程，程序可按需要随时改动。

实际上 PLC 的工作原理是采用"顺序扫描，不断循环"的方式进行工作的。即在 PLC 运行时，CPU 根据用户按控制要求编制好并存于用户存储器中的程序，按指令步序号（或地址号）作周期性循环扫描，如无跳转指令，则从第一条指令开始逐条顺序执行用户程序，直至程序结束。然后重新返回第一条指令，开始下一轮新的扫描。在每次扫描过程中，还要完成对输入信号的采样和对输出状态的刷新等工作。

PLC 的一个扫描周期必经输入采样、程序执行和输出刷新三个阶段。

输入采样阶段：首先以扫描方式按顺序读入所有暂存在输入锁存器中的输入端子的通断状态或输入数据，并将其写入各对应的输入状态寄存器中，即刷新输入。随即关闭输入端口，进入程序执行阶段。

程序执行阶段：按用户程序指令存放的先后顺序扫描执行每条指令，执行的结果再写入输出状态寄存器中，输出状态寄存器中所有的内容随着程序的执行而改变。

输出刷新阶段：当所有指令执行完毕，输出状态寄存器的通断状态在输出刷新阶段送至输出锁存器中，并通过一定的方式（继电器、晶体管或晶闸管）输出，驱动相应输出设备工作。

PLC 自发明以来，由于其具有高可靠性和强抗干扰能力、使用灵活、对环境要求低等优点，在工业控制和生活中都获得了广泛的应用。

任务 2　简要了解 YL－235A 光机电一体化实训装置

学习目标

了解 YL－235A 光机电一体化实训装置。

任务内容

本书后续内容有许多项目和任务都需要在 YL－235A 实训装置上完成，亚龙 YL－235A 型光机电一体化实训考核装置由铝合金导轨式实训台、上料机构、上料检测机构、搬运机构、物料传送和分拣机构等组成。各个机构紧密相连，可以自由组装和调试。控制系统采用模块组合式，由触摸屏模块、PLC 模块、变频器模块、按钮模块、电源模块、接线端子排和各种传感器等组成。触摸屏模块、PLC 模块、变频器模块、按钮模块等可按实训需要进行组合、安装、调试。该系统包含了机电一体化专业学习中所涉及的诸如电机驱动、机械传动、气动、触摸屏控制、可编程控制器、传感器、变频调速等多项技术，提供了一个典型的综合实训环境。

该装置外形如图 1－4 所示。

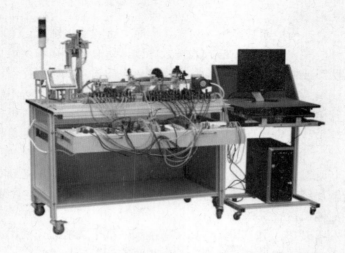

图 1 - 4　YL - 235A 光机电一体化实训装置外形

　　若使用 YL - 235A 实训装置完成上一任务的接线，只需用到按钮模块和 PLC 模块，连线如图 1 - 5 所示。注意图中用按钮代替了上一任务的开关。

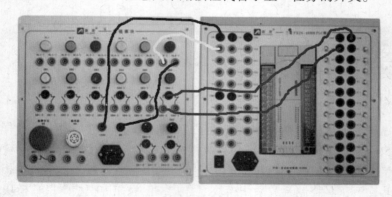

图 1 - 5　YL - 235A 简单电路连线示意图

　　YL - 235A 按钮模块提供了多种不同功能的按钮和指示灯（DC24V）、急停按钮、转换开关和蜂鸣器等，所有接口采用安全插连接，还内置有开关电源（24V/6A 一组，12V/2A 一组）为外部设备工作提供电源。

　　PLC 模块的主机采用 FX$_{2N}$ 48MR 继电器输出型可编程控制器，其型号含义为：

　　FX$_{2N}$：三菱公司小型 PLC 系列号；

　　48：输入输出总点数；

　　M：基本模块即主模块；

　　R：继电器输出。

　　输入输出端子在内部都已经连接好，使用者只需要插接相关的连接线即可轻松完成各项实验，所有接口同样采用安全插连接。对于初学者来说，为简化学习过程，减轻学习任务，PLC 输入端子外接的所有开关和按钮暂时都只接常开触点。

2 认识 PLC 的编程软件

顾名思义，可编程控制器必须编程后才可以对输出端子进行控制。把程序输入到 PLC 中时可以用手编程器，手编程器外形如手掌般大小，如图 2-1 所示，上面有各个按键，大多数按键都有两个功能。但是使用手编程器输入程序时可观察的程序行数少，而且都是符号化输入，符号化显示，容易出现输入错误。

随着个人电脑的日益普及，手编程器已极少人使用，现在普遍使用电脑上的图形化编程软件进行程序的编辑和下载，其中 GX Developer 和 FXGPWIN 是三菱公司两种常用的 FX 系列 PLC 编程软件。

本章安排了任务 1 和任务 2 对这两款常用的编程软件进行介绍，另外任务 3 介绍三菱仿真学习软件 MELSOFT FX TRAINER 的使用方法。

图 2-1　手编程器外形

任务 1　GX Developer 编程软件及使用

学习目标

了解三菱全系列编程软件 GX Developer 并学习其使用方法。

任务内容

三菱 PLC 编程软件 GX Developer 是三菱全系列 PLC 程序设计软件，GX Developer 能够制作 Q 系列、QnA 系列、A 系列（包括运动控制（SCPU））、FX 系列的数据，能够转换成 GPPQ、GPPA 格式的文档。此外，选择 FX 系列的情况下，还能变换成 FXGP（DOS）、FXGPWIN 格式的文档。支持梯形图、指令表、SFC、ST、FB 及 Label 语言程序设计，网络参数设定，可进行程序的线上更改、监控及调试，具有异地读写 PLC 程序功能，结构化程序的编写（分部程序设计），可制作成标准化程序，在其他同类系统中使用。

本书只介绍如何使用 GX Developer 7.0 编写 FX$_{2N}$ 系列可编程控制器的程序，在本次任务中只练习编写梯形图程序，SFC 步进图的编辑在以后的任务中学习。

任务实施

一、软件的启动

可从"开始"—"所有程序"菜单上找到此软件对应的项目，单击即可启动。或者双击桌面上的快捷图标也可以运行软件。另外双击已有的工程文件也可以启动 GX Developer 软件。

软件运行后的界面包含菜单栏、工具栏、工程参数列表区、操作编辑区等，如图2-2所示。

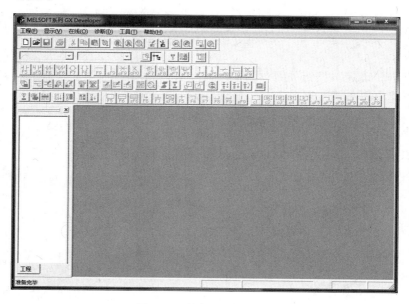

图2-2 软件运行界面

二、创建 FX₂ₙ 工程项目

在图2-2中点击菜单"工程"—"创建新工程"，会弹出"创建新工程"对话框，在对话框内的"PLC 系列"下拉列表框内选择"FXCPU"，在"PLC 类型"下拉列表框内选择"FX₂ₙ（C）"，在"程序类型"组合框内选择"梯形图"，在"工程名设置"组合框内勾选"设置工程名"，输入工程名，例如"工程示例1"，其余选用默认设置，如图2-3所示。

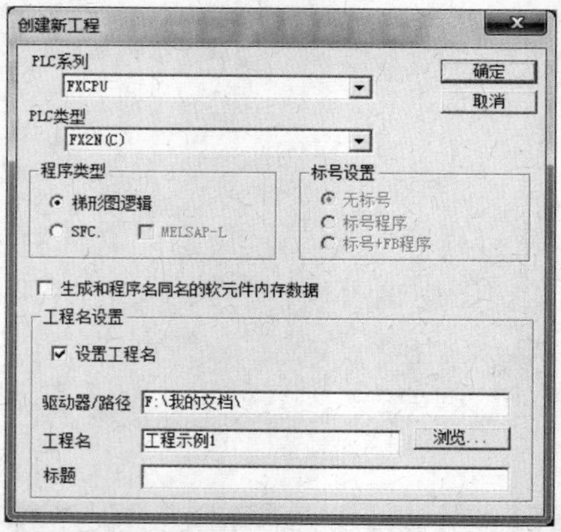

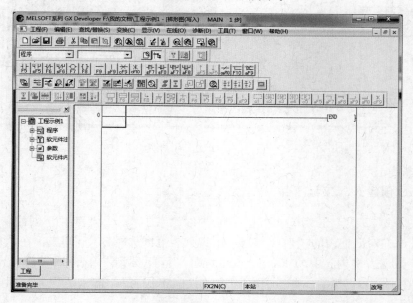

图 2-3 创建新工程

点击"确定"按钮关闭对话框，此时会弹出对话框提示"指定的工程不存在，新建工程吗？"，点击"是"就保存此工程，进入下一步。

三、编辑梯形图

上一步骤完成后，程序界面变成如图 2-4 所示。

图 2-4 新工程梯形图

此后即可在编辑框内输入、编辑梯形图，常用的编写梯形图方法有下列两种。

1. 直接输入指令

在界面上直接打入各种 PLC 指令可以激活并弹出"梯形图输入"框，如图 2-5 所示，例如"LD X0"然后按回车键，"OUT Y0"回车等等，对应梯形图就能显示出来。这是速度较快的输入方式，推荐使用这种方式进行梯形图编程。

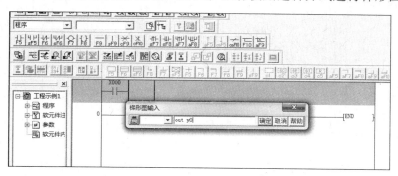

图 2-5 梯形图输入

2. 使用工具栏按钮

初学者对指令不熟悉，此时可用鼠标点击工具栏上的各种按钮，同样可以激活梯形图输入框，然后输入元件编号后按回车键，同样也能输入梯形图，只是这种输入方式速度较慢。

每个工具栏按钮都有对应的快捷键，使用快捷键也可以输入梯形图。

此外，在编辑梯形图时还经常需要画横线画竖线、删横线删竖线等操作，这些操作可通过点击工具栏按钮实现，也可以按快捷键实现，每个工具栏按钮上都标有对应的快捷键，按钮上的字母"C"代表"Ctrl"键，"S"代表"Shift"键，例如加竖线的工具栏按钮上标有"sF9"意为按住"Shift"键的同时按"F9"执行的操作，删竖线的按钮上标有"cF10"意为按"Ctrl" + "F10"实现相同的操作。

编辑梯形图时还可以进行"查找"和"替换"、改变触点类型等操作，使用者可自行在实践中练习，此处不一一赘述。

四、程序的转换

梯形图初步编辑好之后，梯形图对应区域的底色为灰色，如图 2-6 所示。

此时的梯形图程序并不能下载到 PLC 中运行，必须进行程序的变换。"变换"相当于其他程序开发过程如单片机程序编写中的"编译"，可以将可视化的梯形图转化为指令表，变换的方法如下：

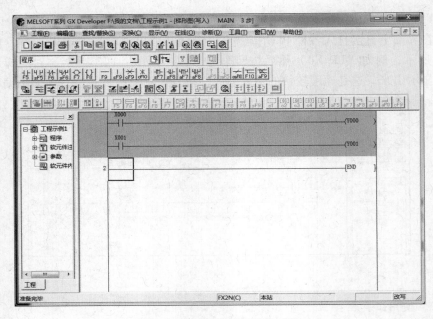

图 2－6　初步编辑后的梯形图

1．使用菜单

点击"变换"菜单—"变换"命令，即可进行变换。如果编写的梯形图没有语法错误，变换就成功，梯形图区域的底色变为白色，如图 2－7 所示。

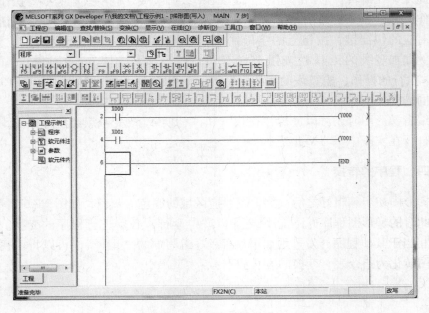

图 2－7　"变换"命令

2. 使用快捷键"F4"

直接按"F4"快捷键同样可以转换，这种方法比点击菜单更简单快捷。

五、程序的下载

程序转换后即可写入到 PLC 内运行。先把 PLC 上的运行开关拨在"STOP"位置，然后步骤如下：

（1）打开"在线（O）"菜单，选择"PLC 写入（W）"命令，如图 2 - 8 所示：

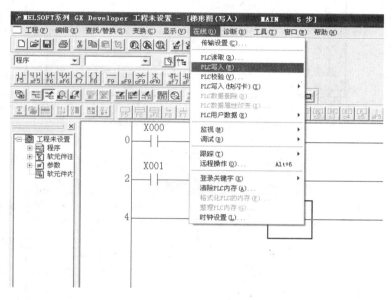

图 2 - 8 "PLC 写入"命令

（2）上一步完成后会弹出"PLC 写入"对话框，如图 2 - 9 所示，此时在"文件选择"标签页内的树形列表框内把"程序"目录下的"MAIN"打勾，把"参数"目录下的"PLC 参数"打勾：

（3）完成上一步后如果现在就执行写入，会写入 FX$_{2N}$系列全部的8K 内存，耗时较长。为节省时间，应该点击"程序"标签页，在"范围设置"内选中"步范围指定"，起始步就使用默认的 0 步，注意"结束"处所填的步数不能大于梯形图中 END 所在的行数，否则写入不成功。设置好后如图 2 - 10 所示，然后点击"执行"按钮进行程序写入，此时会弹出对话框询问是否执行写入，点击"是"确定，写入结束后会提示"已完成"，关闭对话框。

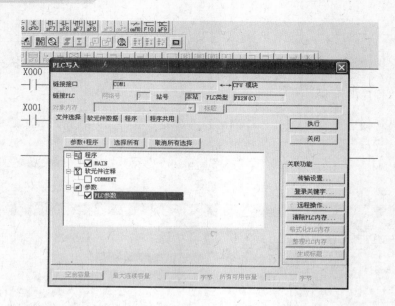

图 2-9 "PLC 写入"对话框

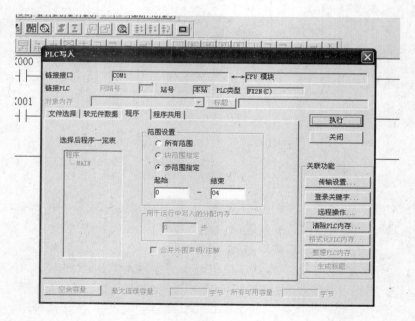

图 2-10 写入范围设置

六、监视模式

程序写入 PLC 后，我们可以让 GX Developer 开启监视模式监视 PLC 程序的运行情况。开启监视模式可以使用菜单命令，打开"在线（O）"菜单，再打开"监视（M）"子菜单，然后选择"监视模式"命令；或者是点击工具栏按钮：

图中左数第三个按钮即为监视模式按钮；也可以使用快捷键 F3。

七、运行

此时，把 PLC 上的运行开关由"STOP"位置拨到"RUN"位置，PLC 即开始运行，我们可以在 GX Developer 上观察 PLC 程序的运行情况。如果 PLC 是 FX_{2N} 系列，运行开关在"STOP"位置时也可以使用 GX Developer 上的"在线"→"远程操作"让 PLC 进入运行状态。

任务 2 FXGPWIN 编程软件及使用

学习目标

了解三菱 FX 系列编程软件 FXGPWIN 并学习其使用方法。

任务内容

上一任务介绍的 GX Developer 是三菱全系列编程软件，而 FXGPWIN 编程软件为 FX 系列可编程控制器的专用编程软件，只能编写 FX 系列包括从 0N 至 2N 的 PLC 类型，不能编写 Q 系列、A 系列等 PLC 类型，但是 FXGPWIN 也有独特的优点，就是软件体积小，使用简单方便，所以现在仍有许多技术人员使用 FXGPWIN 软件进行编程，我们就在此任务内学习此软件的使用方法。需要注意的是使用 FXGPWIN 编程软件编辑的程序能够在 GX Developer 中运行，但是使用 GX Developer 编程软件编辑的程序并不一定能在 FXGPWIN 编程软件中打开。

任务实施

一、启动 FXGPWIN 软件

启动 FXGPWIN 的方法同样是可以点击"开始"菜单—"程序"项，或者双击 FXGPWIN. exe 可执行文件启动，启动后的界面如图 2 – 11 所示。

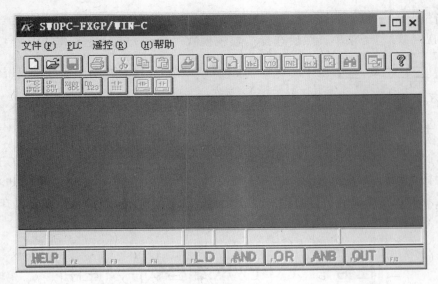

图 2-11　启动 FXGPWIN

二、创建梯形图

点击左上角工具栏上的"新文件"按钮或通过"文件"菜单上的"新文件"命令新建文件，在弹出的"PLC 类型设置"对话框选择类型，YL-235A 配套的 PLC 大多都为"$FX_{2N}48MR$"，因此选择默认的"FX_{2N}/FX_{2NC}"选项，再点击"确认"按钮关闭对话框，如图 2-12 所示。

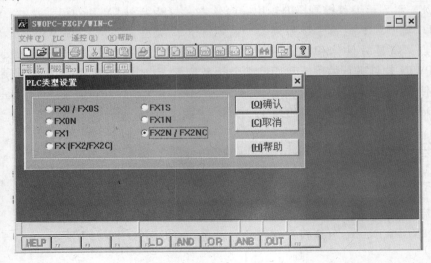

图 2-12　新建梯形图

三、编写梯形图

输入、编辑梯形方法与 GX Developer 大致相似，也可在编辑区内直接输入指令以激活并弹出梯形图输入框，或者点击工具栏上的相应按钮输入，或者按相应快捷键输入，推荐速度较快的直接输入指令的方式进行编程，不过要求编程者熟悉 PLC 的各种指令。在需要进行加横线竖线、行删除行插入等操作时也可通过菜单项、工具栏按钮、快捷键等实现。

四、转换梯形图

在 FXGPWIN 软件中对应 GX Developer 软件的"变换"操作为"转换"，同样可以点击菜单项的命令或按"F4"转换，如果梯形图没有语法错误则梯形图区域变为白色。

五、把程序下载到 PLC

1. 选择命令

在传送前先打开 PLC 电源，并且把运行开关拨在"STOP"位置，然后打开"PLC"菜单，选择"传送"子菜单，选择"写出"命令，如图 2 – 13 所示。

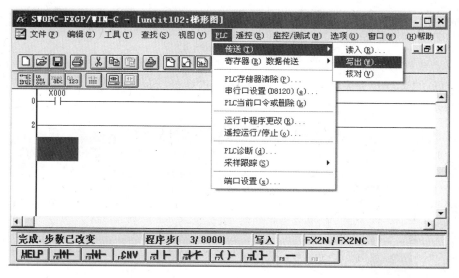

图 2 – 13 "写出"命令

2. 设置程序写入范围并写入

在弹出的"PC 程序写入"对话框中点击"范围设置"，起始步填"0"，终止步填大于或等于梯形图中 END 指令所在的行数即可，然后点击"确认"把程序写进 PLC 中，如图 2－14 所示。如果此时 PLC 没有接通电源或者连接电缆断开，会提示"通讯错误"；如果 PLC 处于运行状态中不能写入，会有相应的提示，把 PLC 的运行开关拨到停止位置后即可写入。

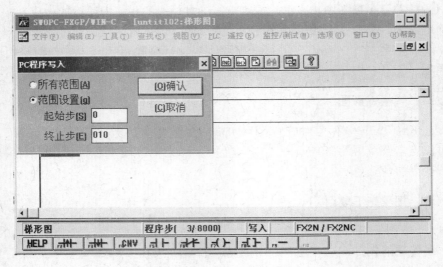

图 2－14　写入范围设置

六、设置监控

点击"开始监控"按钮让电脑与 PLC 同步并监控，如图 2－15 所示，然后把 PLC 的运行开关拨到"RUN"位置，使 PLC 处于运行状态，观察程序是否实现要求。

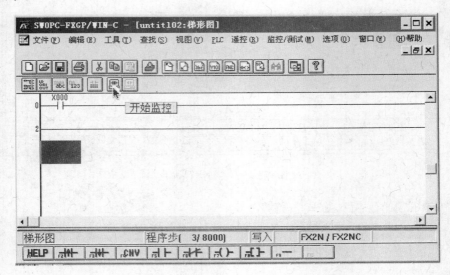

图 2－15　设置监控

任务3 三菱 FX 系列 PLC 仿真学习软件 FX – TRN – BEG – C 的使用方法

学习目标

掌握三菱仿真学习软件 FX – TRN – BEG – C 的使用方法。

任务内容

FX – TRN – BEG – C 是三菱公司开发的针对三菱 FX 系列 PLC 设计的一套模拟仿真学习软件，该软件模拟了一个总点数为 48 的 FX_{2N} 可编程控制器，运行后既能在编辑区内编制梯形图程序，也能够将练习者编写的梯形图程序转换成指令语句表程序，模拟写出到 PLC 主机，仿真运行此程序，而且还有多角度的仿真控制现场的机械设备动画，可大大提高学习者的兴趣，能有效地帮助初学者掌握和理解 FX 的指令系统。

任务实施

一、启动软件

常用的启动此软件的方法同样有两种，分别是从"开始"菜单启动或者是双击软件的快捷方式图标启动。

运行 FX – TRN – BEG – C 软件后，出现如图 2 – 16 所示界面。

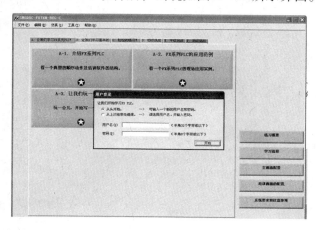

图 2 – 16　FX – TRN – BEG – C 用户登录

其中的"用户名"和"密码"用于记录每个用户的学习进度，可不作设置，直接点击"开始"按钮关闭"用户登录"对话框进入下一界面（图2－17）。

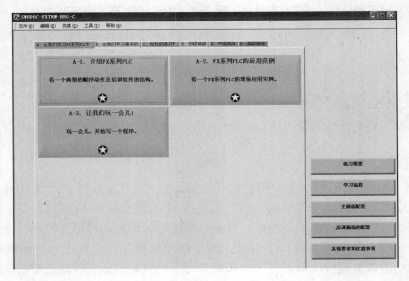

图2－17　FX－TRN－BEG－C开始界面

可看出FX－TRN－BEG－C仿真软件分为A、B、C、D、E、F六个标签页，这六页对应由浅入深、循序渐进的不同学习阶段，我们学习时不一定严格按照这六个阶段进行，为此我们可直接点击标签页"D：初级挑战"，界面将会如图2－18所示。

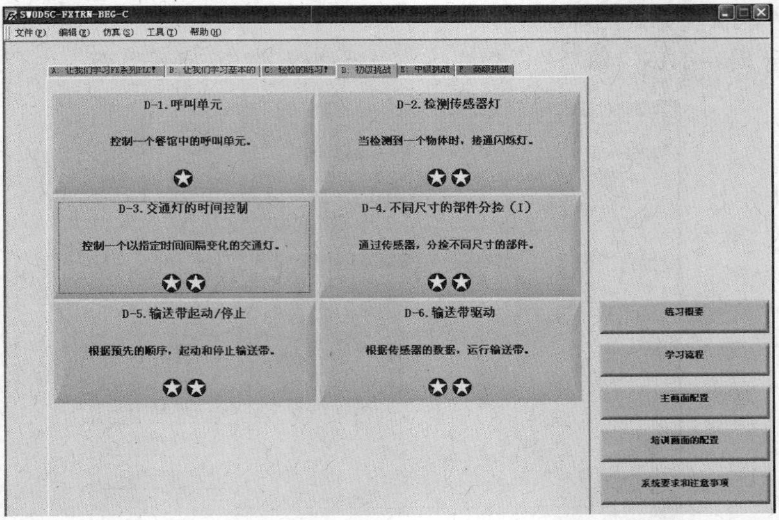

图2－18　FX－TRN－BEG－C"D：初级挑战"

二、编写梯形图程序

在上面的界面上再点击"D-3. 交通灯的时间控制",进入"交通灯的时间控制"项目练习界面,如图2-19所示。

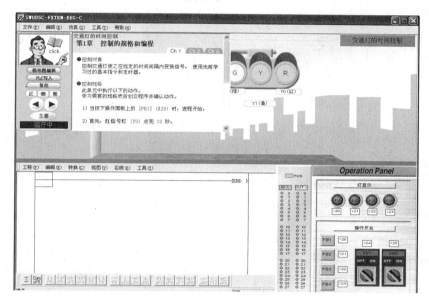

图2-19 "交通灯的时间控制"项目练习

点击左上角人像头旁的书本图标关闭书本,让画面完整显示,如图2-20所示。

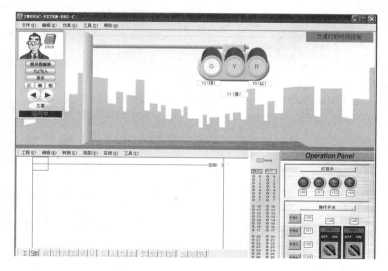

图2-20 完整显示画面

注意此时梯形图区域内的工具栏按钮是灰色的，还不能进行编程练习。在此界面内点击人像下方的第一个按钮"梯形图编辑"，梯形图区域变为如图 2 - 21 所示，此时工具栏按钮已变成黑色。

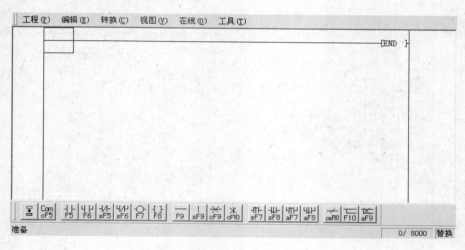

图 2 - 21　梯形图编辑区域

此时即可进行梯形图程序的编写，我们输入如下的点动控制程序，如图 2 - 22 所示。输入的时候注意仿真软件对输入的第一个字母反应略慢，稍等一下让输入框出现后才可用正常速度键入指令。

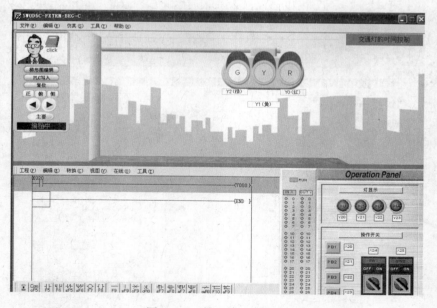

图 2 - 22　输入第一行程序

此时梯形图底色为灰色，表示梯形图还没进行转换，我们按键盘上的功能键"F4"进行转换，如果梯形图无语法错误，底色会变为白色，如图2-23所示。

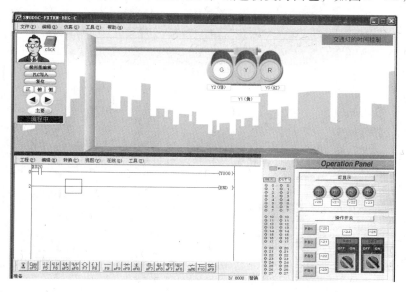

图2-23 程序无语法错误

三、PLC 程序的写入和运行

点击"梯形图编辑"按钮下方的"PLC 写入"按钮，软件模拟 PLC 的写入过程，界面如图 2-24 所示。

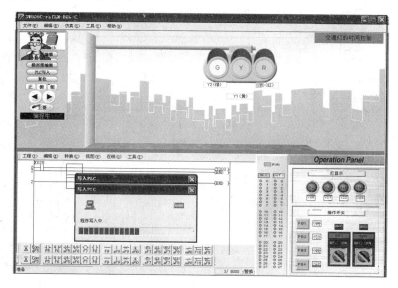

图2-24 写入程序

此时可直接按下回车键加快模拟写入过程，然后出现如图 2－25 所示对话框。

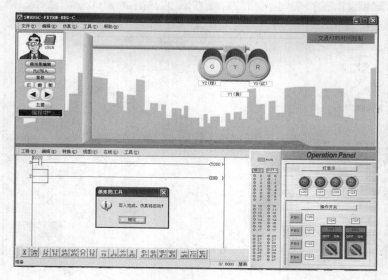

图 2－25　程序写入完成

点击"确定"之后即进入仿真 PLC 运行，如图 2－26 所示在按钮"PB1"上按下鼠标左键不松开，Y0 所接的红灯亮。松开左键红灯灭，仿真成功。

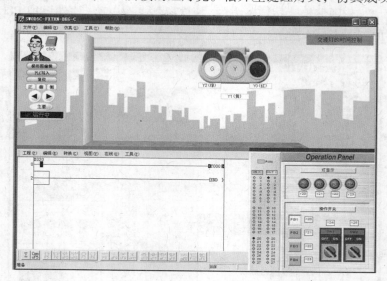

图 2－26　仿真 PLC 运行

若要修改程序则再次按下"梯形图编辑"按钮，重复上述步骤。

归纳起来，上述 FX – TRN – BEG – C 仿真软件的操作步骤是：

（1）运行 FX – TRN – BEG – C 软件；

（2）直接点击"开始"按钮关闭"用户登录"对话框；

（3）选择标签页"D：初级挑战"；

（4）点击"D – 3．交通灯的时间控制"；

（5）关闭书本图标使画面完全显示；

（6）点击"梯形图编辑"按钮让梯形图区域激活；

（7）编写梯形图程序；

（8）按"F4"转换梯形图；

（9）点击"PLC 写入"按钮；

（10）进行仿真测试。

3　PLC 基本指令及编程基础

任务1　认识 FX$_{2N}$ 系列 PLC 的 I/O 端子

学习目标

（1）掌握输入和输出继电器的基本概念。

（2）了解 PLC 控制系统开发的基本步骤。

任务内容

一、输入和输出继电器

1. 输入继电器

三菱 FX 系列可编程控制器的输入继电器编号由 X0 开始，然后 X1、X2……X7，但没有 X8、X9，因为输入继电器是按八进制编排的，所以 X7 之后就是 X10、X11、X12……X17，依此类推，之后是 X20、X21、X22……X27，等等。

每一个输入端子在 PLC 内部都有与之对应的一对常开和常闭继电器。内部的常开继电器的通断与外部端子的通断保持一致，而常闭继电器则相反，如图 3-1所示。

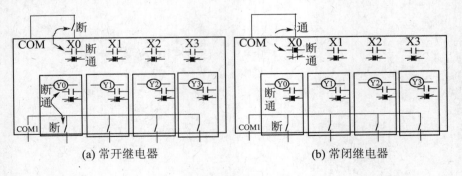

(a) 常开继电器　　　　　　　　(b) 常闭继电器

图 3-1　输入继电器

如果 X0 处所接按钮断开，则内部的 X0 常开同样断开，而内部的 X0 常闭则闭合，反之则相反。

虽然内部的常开继电器和常闭继电器编号相同，但使用时的语法不一样，如取 X0 的常开触点是 LD X0，而取 X0 的常闭触点则是 LDI X0，串联常开触点是 AND X0，串联常闭触点是 ANI X0。

2. 输出继电器

输出继电器同样是按八进制编排，由 Y0 开始，然后 Y1、Y2……Y7、Y10 等等，没有 Y8、Y9 或 Y18、Y19 之类。

每一个输出端子，在 PLC 内部同样有与之对应的一对互为相反的常开和常闭继电器。内部的常开继电器的通断与输出端子保持一致，内部的常闭继电器则与之相反。

🌀 任务实施

应用输入输出继电器进行点动控制。

设输入端子 X0 处接有点动控制按钮，需控制的输出端子是 Y0，则 IO 接线图如图 3 - 2 所示。

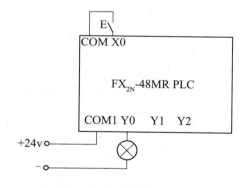

图 3 - 2 点动控制 IO 接线图

其程序为：

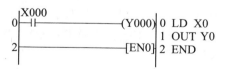

在把程序下载到 PLC 之前应先打开 PLC 电源，然后把运行开关拨到"STOP"位置，再把上图的梯形图程序写入到 PLC 中，把运行开关拨到"RUN"位置运行，观察运行结果。

如果按下 X0 外部按钮，则 X0 端子外部接通，PLC 内部的 X0 常开继电器也接通，左侧的母线通过 X0 的常开触点给右端的输出线圈 Y0 "供电"，从而使

Y0 接通，Y0 的输出端子也接通，如图 3 - 3 所示。

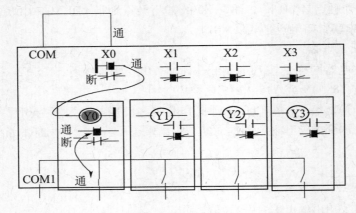

图 3 - 3　内部常开触点控制 Y 输出线圈示意图

松开 X0 外部按钮，PLC 内部的 X0 常开继电器断开，输出端子 Y0 也断开。

PLC 的控制是很灵活方便的，上述程序中，可把 X0 任意换成其他任何一个输入端子，或把输出任意换成其他的输出线圈，程序照样正常工作，如图 3 - 4 所示。

```
0  X000              ( Y000 )      0 LD  X0
2  X001              ( Y001 )      1 OUT Y0
                                   2 LD  X1
4  X002              ( Y002 )      3 OUT Y1
6  X005              ( Y007 )      4 LD  X2
                                   5 OUT Y2
8                    [ END ]       6 LD  X5
                                   7 OUT Y7
                                   8 END
```

图 3 - 4　多个输入端子控制多个输出线圈

任务 2　一个输入控制多个输出

学习目标

掌握一个输入控制多个输出的程序结构。

任务内容

通过上一任务的学习我们对 PLC 的输入和输出继电器有了初步的了解，也掌握了通过一个输入触点控制一个输出端子的编程方法。

生产实践中经常需要一个触点接通后让多个负载同时启动的控制要求，如何实现这类控制呢？

 **任务实施**

一、重复使用输入触点

上一任务中我们用 X0 控制 Y0，X1 控制 Y1、X2 控制 Y2，实际上对 X0 这个输入触点可重复使用，只用 X0 就可以控制三个负载 Y0、Y1、Y2。

本任务的 IO 端子接线图如图 3-5 所示。

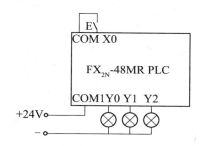

图 3-5 单个输入多个输出 PLC 接线圈

输入继电器被使用一次后，还可以继续使用多次，理论上可以认为每一个输入继电器都可使用无数次，只要 PLC 的内存足够，例如图 3-6 所示程序。按下 X0 时，Y0、Y1、Y2 三个输出端子均接通，松开 X0 时，Y0、Y1、Y2 均断开，说明内部的输入继电器可多次使用。

```
      X000
0     ─┤├───────────────( Y000 )    0 LD  X0
      X000                          1 OUT Y0
2     ─┤├───────────────( Y001 )    2 LD  X0
      X000                          3 OUT Y1
4     ─┤├───────────────( Y002 )    4 LD  X0
                                    5 OUT Y2
8     ─────────────────[ END ]      6 END
```

图 3-6 重复使用输入触点控制多个输出线圈梯形图

二、连续输出

另外，如把程序改成图 3-7 的形式，同样可实现 X0 点动控制 Y0、Y1、Y2 三个输出端子，这种编程方法称作连续输出，可简化编程。

X000
0
(Y000)
(Y001)
(Y002)
10
[END]
0 LD X0
1 OUT Y0
2 OUT Y1
3 OUT Y2
4 END

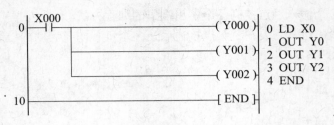

图 3－7　连续输出梯形图

注意：连续输出和重复输出不同，连续输出是推荐的一种编程方法，能简化程序，节省内存空间，而当程序出现如图 3－8 所示的重复输出（双线圈）时，后面的输出将覆盖前面的输出，也就是前面的输出无效，只有后面的输出有效，在基本梯形图程序中应禁止重复输出。

X020
0
(Y000)
X021
2
(Y000)
4
[END]

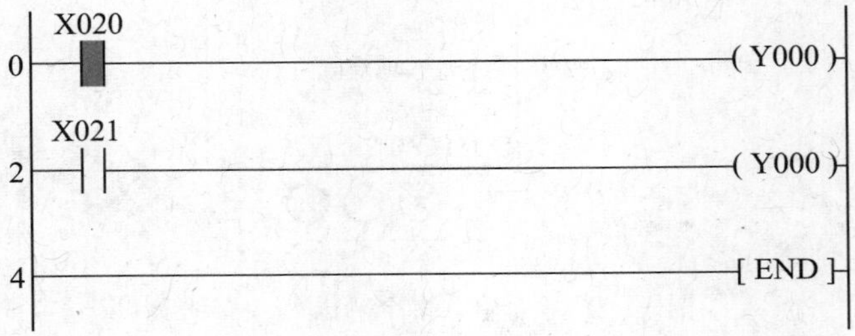

图 3－8　重复输出

图 3－8 中，PLC 已运行，X20 的触点也已接通，但并不能使 Y0 通，因为后面一行程序也是控制 Y0，覆盖了第一行，这时 X21 才能控制 Y0。这是初学者较常出现的错误。

三、使用输出继电器的常开触点

每个输出继电器自身也带有一对互为相反的常开和常闭触点，这两个触点同样可与左侧的母线直接相连，在右侧控制其他的输出线圈，如图 3－9 所示。

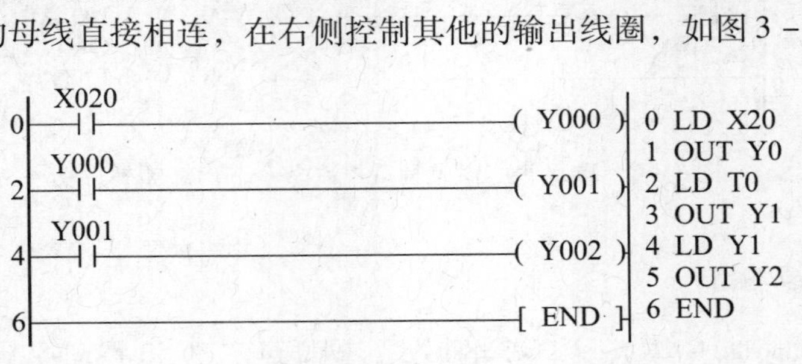

X020
0
(Y000)
Y000
2
(Y001)
Y001
4
(Y002)
6
[END]
0 LD X20
1 OUT Y0
2 LD T0
3 OUT Y1
4 LD Y1
5 OUT Y2
6 END

图 3－9　Y 触点控制 Y 输出线圈

图 3 - 9 的程序中，在左边与母线连接的分别是输出端子的内部常开继电器 Y0、Y1，同样可实现输入 X20 点动控制 Y0、Y1、Y2 的效果。

任务3　基本指令编程训练

学习目标

（1）掌握软元件内部常闭触点的应用方法。

（2）掌握串、并联指令。

任务内容

本任务内容为学习输入继电器的常闭触点的应用及串联指令和并联指令的应用。

任务实施

一、PLC 内部的常闭继电器

每个输入端子对应触点不但有常开触点，还有状态永远与之相反的常闭触点，内部常闭触点也可用来控制输出端子。在梯形图中装入一个常闭触点的指令是 LDI，如图 3 - 10 所示。

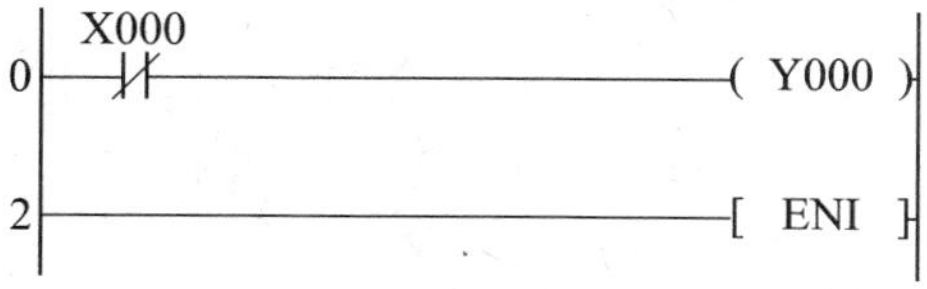

```
       X000
0     ─┤/├─────────────( Y000 )   0   LDI   X0
                                   1   OUT   Y0
2     ──────────────────[ ENI ]   2   END
```

图 3 - 10　常闭触点

将图 3 - 10 的程序输入 PLC 后，只要 PLC 一启动，因为 X0 外部的按钮未按下而处于断开状态，内部的 X0 常开触点也处于断开状态，但内部的 X0 常闭触点与外部端子的通断相反，所以此时 X0 的常闭触点处于接通状态，输出端子 Y0 就接通，示意图如图 3 - 11 所示。

当按下 X0 按钮时，外部接通，内部的 X0 常闭触点与之相反而断开，Y0 灭。同理，松开按钮时 Y0 又恢复接通。

不但输入继电器有互为相反的常开和常闭触点，输出继电器同样有这样的一对互为相反的常开和常闭触点。随着学习的进一步深入，我们将会了解到 PLC

内部的所有软元件，包括内部辅助继电器 M、定时器 T、计数器 C、状态继电器 S 等都有一对互为相反的常开和常闭触点，这些触点都可以用来控制其他线圈。

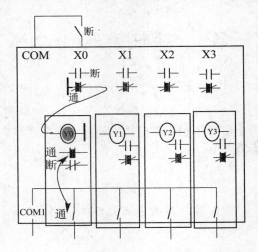

图 3 – 11   常闭触点控制输出线圈示意图

二、串联指令 AND 和并联指令 OR

1. 串联指令 AND

有些生产设备由于危险性较大，要求操作人员不能走神，必须双手各按住一个按钮设备才能工作，松开任意一个按钮设备就要停止，这样能有效地防止类似手臂被卷进车床之类的悲剧发生。

为了实现这种控制，可以把两个按钮分别接在 X0 和 X1 上，然后使用串联指令 AND 进行编程，梯形图如图 3 – 12 所示。

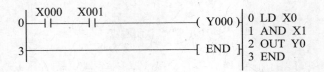

图 3 – 12   串联指令 AND

2. 并联指令 OR

某些场合则要求控制要尽可能方便，要求按下任意一个按钮都能使设备工作，这时可以使用并联指令 OR 实现，梯形图如图 3 – 13 所示。

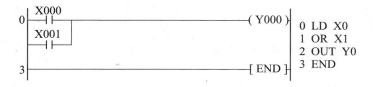

图 3 – 13　并联指令 OR

如果要串联一个常闭触点，指令为 ANI，并联常闭触点则为 ORI。

上面所述的都是使用输入端子 X 的触点进行串并联控制，其实输出线圈 Y 的触点也可与母线连接或与其他触点组成串并联等关系，再用以控制其他元件。

任务 4　按钮启动后连续运行和停止控制

学习目标

（1）巩固任务 1 学习的 PLC 控制系列开发步骤。
（2）掌握启动后连续运行的编程方法。

任务内容

在生产实践中经常要用到启动后连续运行的控制，而且要求运行时还可以随时按下停止按钮实现停止。现在我们用 YL－235A 上的按钮模块和 PLC 模块实现这种控制，控制的基本要求是：按下启动按钮后，Y0 亮，松开按钮后 Y0 仍亮；按下停止按钮后 Y0 灭，松开按钮后 Y0 仍灭，然后可再次按下启动按钮重复上述过程。

任务实施

一个较为完整的 PLC 控制系统开发的步骤如下：

一、进行 I/O 分配：

按上述的控制要求，我们可把 PLC 的输入输出端子按如下分配：
输入端子：
X21：启动按钮，X20：停止按钮；
输出端子：
Y0：红灯。

二、画出 I/O 接线图

PLC 的 I/O 接线如图 3 - 14 所示。

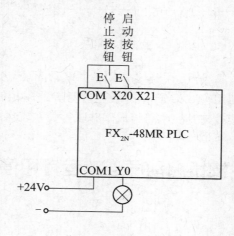

图 3 - 14　I/O 接线图

三、按图连接线路

按图 3 - 14 把启动按钮、停止按钮及红灯与 PLC 连接好。

四、编写梯形图

为了更好地理解和实现本次实训任务，可按如下分解步骤逐步完成：

（1）编写按钮点动控制 Y0 的梯形图程序。

（2）按下启动按钮后 Y0 亮，松开按钮后 Y0 仍亮。加自锁触点即可实现。

（3）按下停止按钮后 Y0 灭。

完整程序如图 3 - 15 所示。

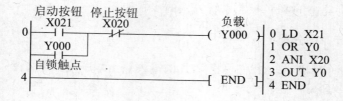

图 3 - 15　完整程序

程序运行原理：

1. 初始状态

起始时，外接的启动按钮和停止按钮都接按钮自身的常开触点，按钮松开，X20 和 X21 都与 COM 断开，所以程序中的 X21 常开触点（注意这是 PLC 内部的触点，请勿与外部按钮的实际触点混淆）断开，X20 的常闭触点则与外部连线状态相反，处于接通状态，Y0 线圈断开，红灯不亮，如图 3-16 所示。

图 3-16　初始状态

2. 按下启动按钮时

当按下 X21 端子所接的启动按钮时，X21 与 COM 连通，程序内部的 X21 与外部连线状态一致也连通，可认为此时"电"从左侧母线通过 X21 常开触点、X20 常闭触点到达右侧的 Y0 线圈，使 Y0 线圈得电，红灯亮，此时程序左侧并联的 Y0 常开触点与 Y0 线圈同步也接通，如图 3-17 所示。

图 3-17　接下启动按钮

3. 松开启动按钮时

启动按钮松开后，按钮自身的常开触点断开，X21 端子与 COM 断开，PLC 内部的 X21 常开触点也断开，但此时由于左侧并联的 Y0 常开触点已导通，可认为"电"从左侧母线经 Y0 常开触点、X20 常闭触点到达右侧线圈，仍使 Y0 线圈接通，红灯仍保持亮，左侧的 Y0 常开触点起自锁作用，如图 3-18 所示

图 3-18　松开启动按钮

4. 按下停止按钮时

按下停止按钮时，按钮自身的常开触点接通，X20 端子与 COM 接通，但程

序中的 X20 是常闭触点，PLC 内的常闭触点与外界状态相反，所以此时 X20 的常闭触点断开，从母线左侧至右侧 Y0 线圈的通路被截断，Y0 线圈失电断开，红灯灭，同时左侧的 Y0 常开触点与 Y0 线圈同步也断开，实现了停止控制，如图 3-19 所示。

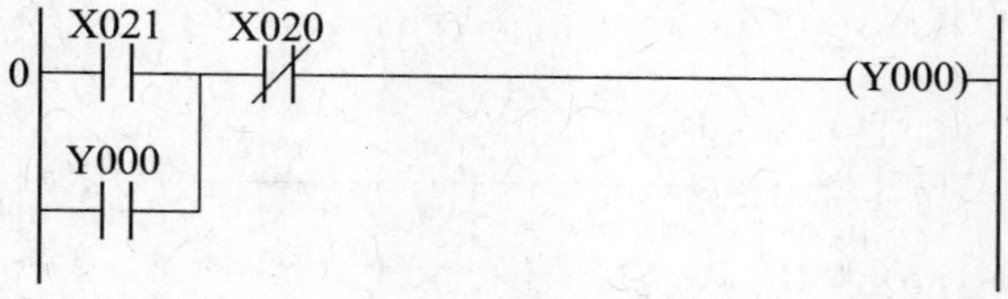

图 3-19　按下停止按钮

5. 松开停止按钮时

松开停止按钮时，按钮自身的常开触点恢复断开，X20 的常闭触点与端子连线状态相反而连通，此时程序恢复成初始状态，可进行下一次的启动，如图 3-20所示。

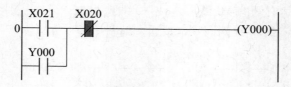

图 3-20　松开停止按钮

任务 5　抢答器

学习目标

学习抢答器控制程序的编写方法。

任务内容

在电视上我们经常看到各种智力竞赛、知识竞赛，多位参赛者在主持人的引导下对某个问题进行抢答，比赛现场紧张激烈，趣味横生。那么如何用 PLC 实现这种抢答控制呢？

设有 A、B、C 三个人进行抢答游戏，每个人面前都有一个抢答按钮和一盏指示灯，当某人抢答成功时，此人面前的指示灯亮，其他人再按抢答按钮无效。另外还有一个主持人，主持人通过开关控制抢答的进行，断开开关后所有的指示灯都熄灭进行复位，合上开关后才可进行抢答。

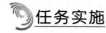 **任务实施**

一、列出 I/O 分配表

首先，我们必须根据控制要求对 PLC 的输入输出端子进行分配，列出 I/O 分配表，如表 3－1 所示。

表 3－1 I/O 分配表

输入端子分配		输出端子分配	
X0	A 抢答按钮 1	Y0	A 抢答指示灯
X1	B 抢答按钮 2	Y1	B 抢答指示灯
X2	C 抢答按钮 3	Y2	C 抢答指示灯
X3	主持开关		

二、画出 I/O 接线图

按控制要求画出 I/O 接线图，如图 3－21 所示。

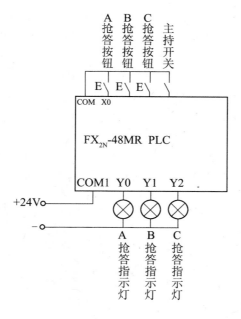

图 3－21 I/O 接线图

三、编写程序

（1）参赛者如果抢先按下自己的按钮，对应的指示灯就应该亮，参赛者不用一直按住按钮，松开按钮后指示灯仍保持亮的状态，所以这是一个典型的启动后连续运行的控制，在每个按钮对应的常开触点旁并联一个自锁常开触点即可实现，程序如图 3 – 22 所示。

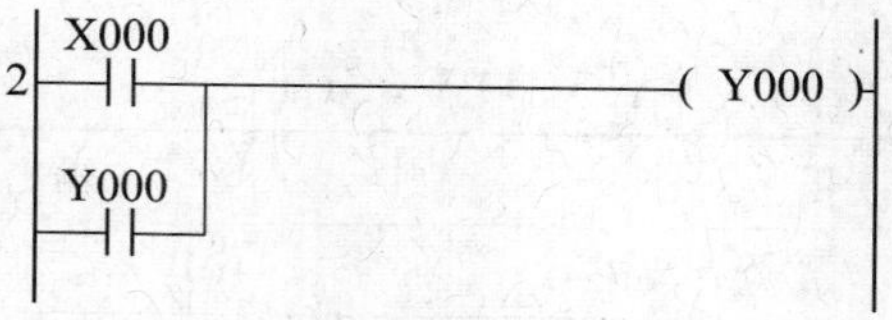

图 3 – 22　启动后连续运行梯形图

（2）某参赛者抢先按下按钮点亮自己的指示灯后，其他参赛者的按钮不再起作用，这种控制称为"互锁"，这时应该利用输出继电器的常闭触点，因为常闭触点永远与输出继电器的通断状态相反。程序如图 3 – 23 所示。

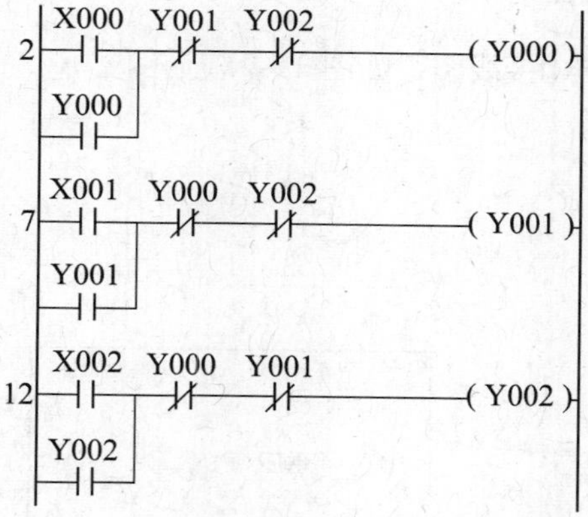

图 3 – 23　加"互锁"后的抢答器梯形图

（3）抢答必须在主持人的控制下才能进行，即主持人面前有一个开关与 X3 相连，当此开关闭合时才能抢答，开关断开后所有指示灯全灭，此开关再次闭合时又可进行下一轮抢答，实现这种控制只需要在每个指示灯对应的输出线圈前串联开关的常开触点即可。完整的抢答器程序如图 3 – 24 所示。

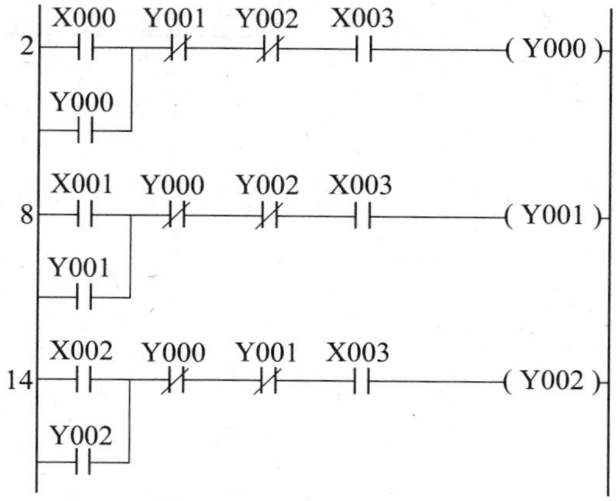

图 3-24　完整抢答器梯形图程序

思考：若需要加上时间控制，例如抢答开始后如果过了 30s 仍无人抢答，则此题作废重新出题，如何进行时间的控制？

任务6　双控灯

学习目标

（1）了解双控灯的控制程序编写。
（2）掌握多控灯的控制程序编写。

任务内容

假设有一楼道灯，此灯由两个开关控制，初始状态为两个开关都断开，灯灭，如果有人经过楼道，此人先合上一个开关，灯亮，然后走到另一头后再合上另一开关，灯灭。如果下一个人进楼道，此人先断开一个开关，灯亮，然后走到另一头再断开一个开关，灯灭。

控制要求可归纳为任意改变一个开关的状态都能使灯的状态改变。

任务实施

一、列出 I/O 分配表

按控制要求列出 I/O 分配表。此表很简单，只需要两个输入端子和一个输出端子，如表 3-2 所示。

表 3 – 2　I/O 分配表

输入端子		输出端子	
X0	开关 1	Y0	灯
X1	开关 2		

二、画出 I/O 接线图

接线图也简单，如图 3 – 25 所示。

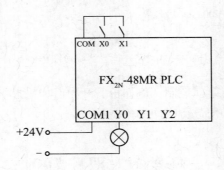

图 3 – 25　"双控灯" PLC 接线图

三、编写程序

双控灯的控制要求似乎很难实现，让人觉得无从着手，但是我们可以从初始状态开始入手，重点分析如何让灯点亮，归纳出灯亮的条件，最后会发现看似极难的问题已能迎刃而解。

下面我们逐步分析双控灯的开关和灯的状态：

（1）初始时，两个开关都处于断开状态，灯不亮。

（2）若两开关之一，例如 X0 接通，此时另一开关 X1 仍处于断开状态，灯亮。

（3）如果继续闭合另一开关 X1，此时两开关都处于闭合状态，灯灭。

（4）如果此时有人从另一边断开开关 X1，此时 X0 处于接通状态，灯亮。

如果我们把开关断开记为 0，开关接通记 1，灯灭记 0，灯亮记为 1，则可以列出如表 3 – 3 所示真值表。

表 3-3 真值表

X0	X1	Y0
0	0	0
0	1	1
1	0	1
1	1	0

把使灯亮的条件归纳后，可编出相应的梯形图程序，如图 3-26 所示。

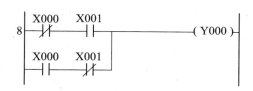

图 3-26 "双控灯"梯形图程序

这就是双控灯的控制程序。

思考： 如何编写三控灯、四控灯、五控灯……的控制程序？

任务 7　正反转控制

学习目标

掌握小车自动往返控制的编程技巧。

任务内容

实现正、反转的启动和停止控制，并且在程序中实现正反转的互锁。为了让学习者重点掌握 PLC 的编程技巧，本任务使用三菱 PLC 仿真编程学习软件 MEL-SOFT FX TRANER 进行练习，不涉及接线，着重练习编程。要求在 "E-6 输送带控制" 上实现物体在输送带两端自动往返运行。三菱仿真学习软件的使用方法已在第二章的任务 3 中学习过。

任务实施

启动 FX-TRN-BEG-C 软件后，选择 "E：中级挑战" 学习阶段标签页的 "E-6. 输送带控制" 进行仿真编程练习，仿真界面如图 3-27 所示。

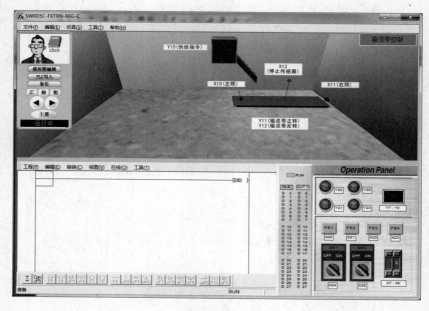

图 3 – 27　"E – 6 输送带控制"仿真练习

由于此任务相对复杂，因此可按下列步骤分阶段循序渐进地把程序由简单到复杂地逐步扩展。

一、实现启动后连续运转

此任务初始状态时输送带上并没有物体，所以我们应该先控制 Y10 让供给箱放一个物体到输送带上，可通过点击按钮 PB1 放物体，程序如图 3 – 28 所示。

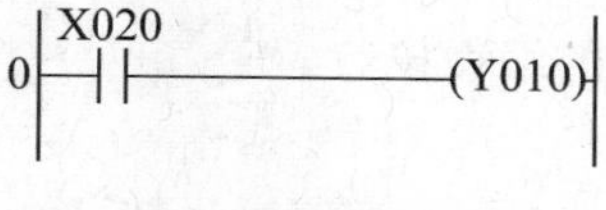

```
    X020
0 ──┤├──────────────(Y010)
```

图 3 – 28　供给物体梯形图

物体下落到输送带后，由于输送带并没有启动，物体是静止在输送带上的，我们还必须启动输送带。第一次启动输送带时可以手动启动，我们设定按下按钮 PB2 后输送带就运行，添加正转后的程序如图 3 – 29 所示。

```
    X020
0 ──┤├──────────────(Y010)
    X021
2 ──┤├──────────────(Y011)

4 ──────────────────[END]
```

图 3 – 29　点动控制输送带

但此时的控制还只是通过按钮 PB2 对正转进行点动控制,松开按钮后输送带即停止,所以我们还必须给程序添加正转自锁触点,实现正转的连续运行,程序如图 3 – 30 所示。

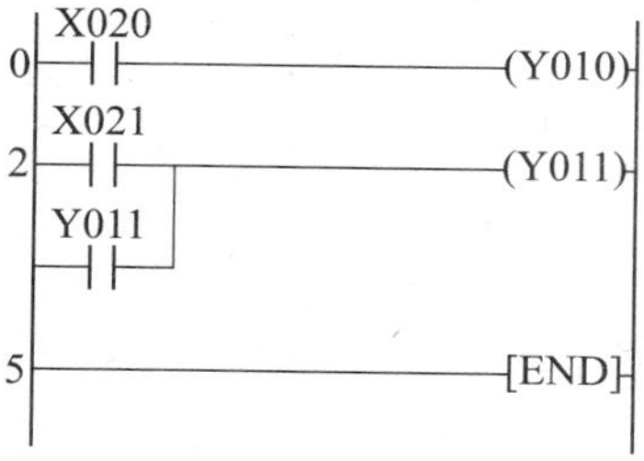

```
0   X020
    ─┤├─────────────────(Y010)
    X021
2   ─┤├─────────────────(Y011)
    Y011
    ─┤├──────┘
5   ──────────────────────[END]
```

3 – 30   启动后连续运行的输送带

二、增加停止控制

图 3 – 30 所述程序运行后,下落到输送带上的物体会向右运行直至从右端掉落,为防止物体掉落,我们给输送带加上手动停止按钮,当按下按钮 PB4 时输送带立即停止,程序如图 3 – 31 所示。

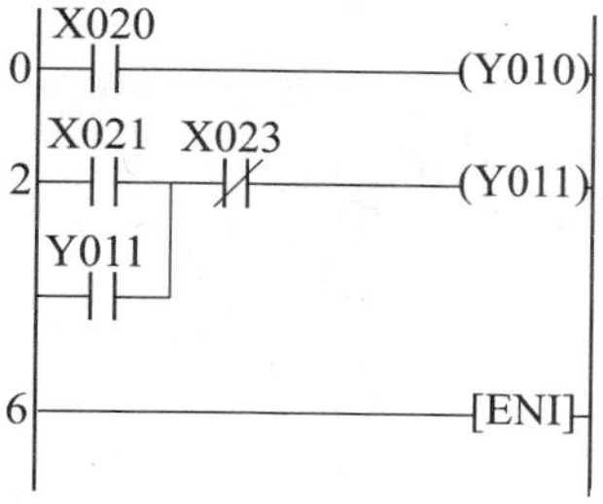

```
0   X020
    ─┤├─────────────────(Y010)
    X021  X023
2   ─┤├───┤/├───────────(Y011)
    Y011
    ─┤├──────┘
6   ──────────────────────[ENI]
```

3 – 31   手动停止输送带梯形图

通过手动停止输送带的转动,如果按下停止按钮的时间不够及时,物体就会从右侧掉落,如图 3 – 32 所示。

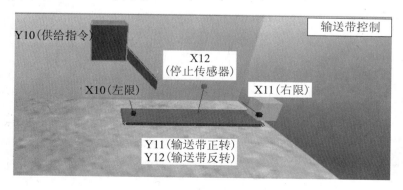

图 3 – 32   物体从右侧掉落画面

为此我们应该让物体运动到右限的传感器位置时自动停止，所以应再串联一个右限 X11 的常闭触点，程序如图 3 – 33 所示。

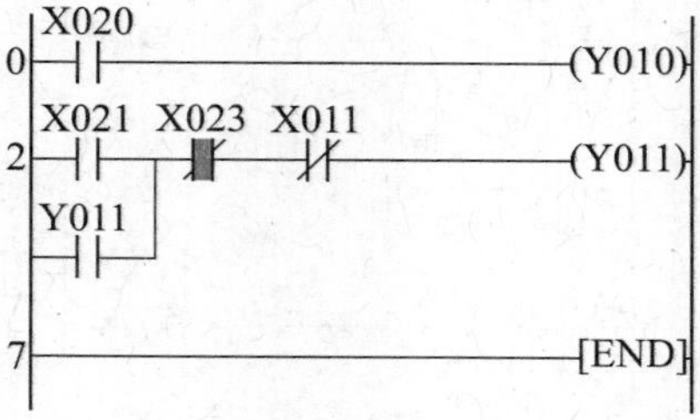

```
    X020
0 ──┤├─────────────────────(Y010)
    X021  X023  X011
2 ──┤├───┤▓├──┤/├───────────(Y011)
    Y011
  ──┤├──┘
7 ────────────────────────[END]
```

图 3 – 33　右限位自动停止梯形图

运行效果如图 3 – 34 所示。

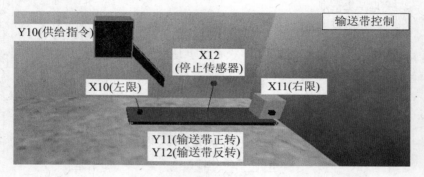

图 3 – 34　物体在右限位停止画面

三、添加反转运行

物体运动到右端停止后，为了让物体向左边移动，应该使输送带反转，为此可以先以手动方式按 PB3 让 Y12 线圈闭合实现反转，程序如图 3 – 35 所示。

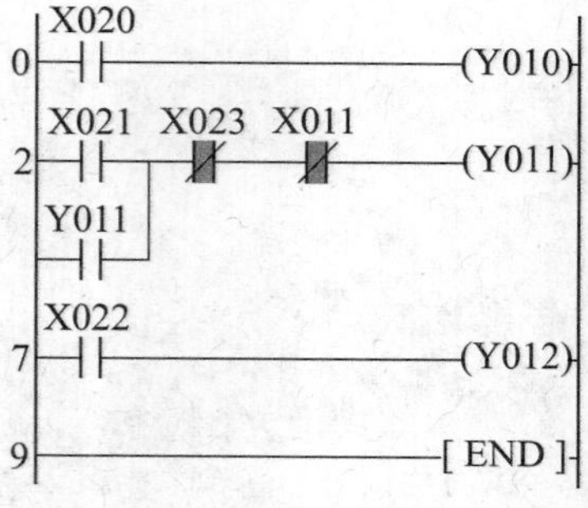

```
    X020
0 ──┤├─────────────────────(Y010)
    X021  X023  X011
2 ──┤├───┤▓├──┤▓├───────────(Y011)
    Y011
  ──┤├──┘
    X022
7 ──┤├─────────────────────(Y012)
9 ────────────────────────[ END ]
```

图 3 – 35　手动启动输送带左转

在生产和生活中的各种正反转控制中，正反转不能同时接通，所以应在程序内加上正反转互锁，为此在正、反转线圈的前面串联各自的反向常闭触点，程序如图 3－36 所示。

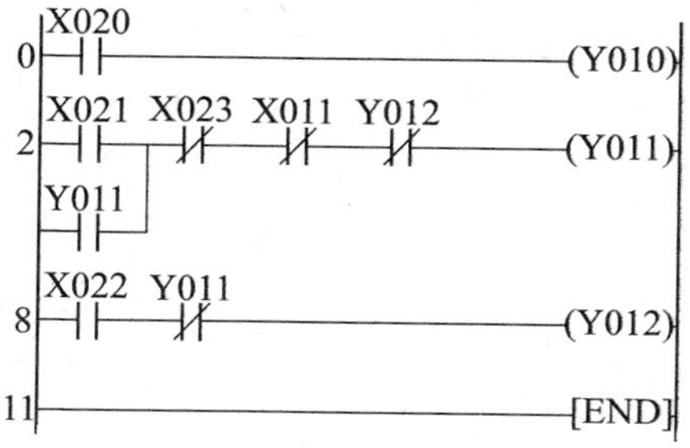

X020
0
(Y010)
X021 X023 X011 Y012
2
(Y011)
Y011
X022 Y011
8
(Y012)
11
[END]

图 3－36　加互锁后的梯形图

要注意的是，在实际的正反转控制中，如果 Y11、Y12 外接的是正反转接触器，因为 PLC 程序运行太快，而接触器的动作时间远不如 PLC 的动作时间，即使在 PLC 程序中加了正反转互锁，外接的正反转接触器仍然有可能在某一瞬间处于同时导通状态而导致相线短路，所以除了程序中必须有软件的互锁外，外接接触器必须要有硬件互锁控制。

图 3－36 的程序，反转只是点动运行，松开按钮后反转即停止，因此需再添加反转自锁触点。此外还应该加上反转的手动停止和到左限的自动停止控制，程序如图 3－37 所示。

X020
0
(Y010)
X021 X023 X011 Y012
2
(Y011)
Y011
X022 X023 X010 Y011
8
(Y012)
Y012
14
[END]

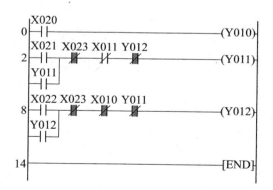

图 3－37　加左转自锁和左限位自动停止

四、实现自动往返运行

上述程序运行后，供给箱供给一个物体后，手动启动正转或反转，物体不管是向右运动到右限或者是向左运动到左限都会自动停止，但是输送带的正反转都要靠手动启动，那么如何实现正反转的自动启动从而实现自动往返控制呢？

前面我们学习了并联指令，并联指令的特点就是多个条件中的任意一个条件有效时就能实现控制，为此我们可以分析此次任务中输送带正转所需要的条件：

输送带正转时，条件为：①按下按钮 PB2；②物体运动到左限位。

因此只需要把这两条指令并联即可实现正转的自动运行，程序如图 3 – 38 所示。

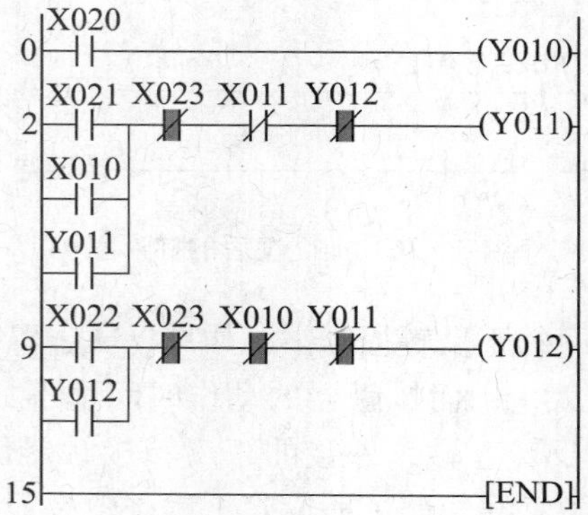

图 3 – 38　自动正转梯形图

同样，输送带反转所需要的条件是：①按下 PB3 按钮；②物体运动到右限。因此只需在启动反转的 X22 下并联多一个 X11 即可实现自动反转。

至此，输送带的自动往返控制就完成了，全部程序如图 3 – 39 所示。

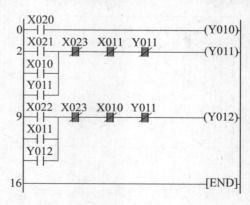

图 3 – 39　完整"自动往返控制"梯形图

任务8　实现大中小不同物体分拣

学习目标

能够灵活运用输入输出继电器的常开和常闭触点解决实际问题。

任务内容

在仿真学习软件 FX TRAINER 的"高级挑战"学习阶段标签页的第七个任务"F-7.分拣和分配线"里实现让大、中、小不同物体各走不同的路线,大物体走里侧输送带从传感器 X4 所在处的右端掉下,中物体也走里侧输送带至推杆 Y6 所在处推下,小物体走外侧输送带从 X5 所在处被机械手取出。

任务实施

"F-7.分拣和分配线"的仿真画面如图 3-40 所示。

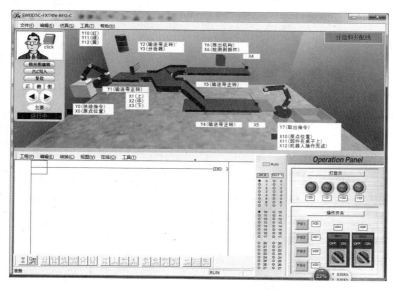

图 3-40　"F-7.分拣和分配线"仿真画面

从图 3-40 中可见本次任务涉及的输入和输出端子较多,控制要求比较复杂,为此我们应该对任务进行分解,先实现简单的功能,再逐步深化扩展程序直到实现任务所需的所有功能。

一、输送带正转不分拣

首先，我们应该让画面左侧的机械手供给物体，这个控制较简单，只需要让 Y0 线圈接通就能实现，可以用按钮 PB0 控制 Y0，程序如图 3 - 41 所示。注意机械手每次供给的物体体积不同，有大、中、小三种。

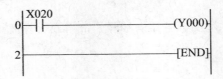

图 3 - 41　供给物体梯形图

物体放置在第一条输送带上后，现在所有的四条输送带都没运转，所以我们还应该让输送带转动起来，为此我们可以用开关 SW1（X24）控制这四条输送带，开关闭合时所有输送带都正转运行，程序如图 3 - 42 所示：

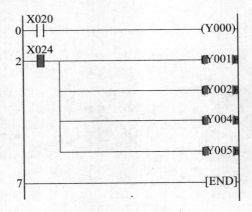

图 3 - 42　输送带正转控制

物体经 Y1、Y2、Y4 所控制的输送带到达右端的桌子上停止，此时桌子上的传感器 X11 会接通，我们可以用 X11 驱动右端的机械手取出物体，程序很简单，只有一行，如图 3 - 43 所示。

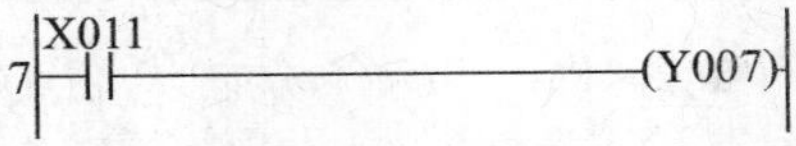

$$7 \quad \dashv\ X011\ \vdash \quad\quad\quad (Y007)$$

图 3 - 43　驱动机械手

右端桌子的机械手取出的应该是分拣后的小物体，但是图 3 - 43 所述程序并不能实现分拣，此时大、中、小三种物体都走相同的路线到桌子上被机械手取出。

二、拣选出小物体

我们先把大物体和中物体分拣出来，让这两种物体经分拣器后走 Y5 所控制的输送带。

为此我们可以首先用手动控制分拣器（Y3）进行分拣，当按下按钮 PB2（X21）时让分拣器动作，从而让物体走画面里侧中路线，此时只需加一行程序即可，如图 3-44 所示。

图 3-44　手动控制分拣器

手动控制分拣很容易出错，那么如何实现自动分拣呢？

在 Y1 所控制的输送带旁可以看到有三个竖向排列的传感器，分别是 X1（上）、X2（中）、X3（下），小物体经过时只使 X3 接通，中物体经过时会使 X3、X2 都接通，大物体经过时则会让 X1、X2、X3 都接通，也就是说大物体和中物体都能使 X2 接通，所以我们可以让 X2 启动分拣器 Y3。因为物体离开第一条输送带后物体大小传感器立即断开，所以还应该让分拣器 Y3 自锁，程序如图 3-45 所示。

图 3-45　自动启动分拣器并自锁

但是分拣器自锁之后所有物体都将会走里侧路线，大中小物体又混在一起，所以还应该在按下按钮 PB1 让左侧机械手重新供给新物体时让分拣器断开自锁，程序如图 3-46 所示。

图 3-46　分拣器复位控制

此时小物体走外侧输送带（Y4）已被分拣出来，但大物体和中物体都经 Y5 控制的输送带后从 X4 所在处的右侧掉下，还没有把大物体和中物体分拣开。

三、用指示灯记忆物体体积大小

那么应如何区分大物体和中物体呢？

物体离开 Y1 所控制的输送带时已没有能区分物体大小的传感器，所以我们应该想办法在物体经过第一条输送带旁竖向的三个传感器时记忆物体的体积大小。为此我们可以利用仿真画面上提供的几个指示灯作为物体大小的标记，当物体在输送带上运送时，让 PL1（Y20）作大物体的标记，PL2（Y21）作中物体的标记，PL3（Y22）作小物体的标记。

某个 X 端子外部接通时，其内部的常开触点接通，常闭触点断开，依据这个特性，此时即可把大中小物体区分出来。

小物体经过传感器时，只有 X3 接通，X2、X1 都断开，此时 PLC 内部的 X3 常开触点接通，X2 和 X1 的常闭触点都断开，三个条件都满足时表明输送带上运送的是小物体，所以小物体指示灯 PL1（Y20）可用如图 3 – 47 所示的方法驱动。

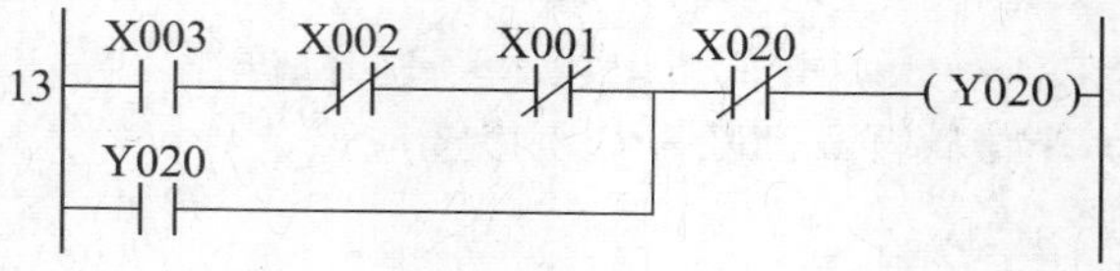

图 3 – 47　记忆"小物体"

因为物体离开 X3 所在的传感器时 X3 会断开，所以应给 Y20 加上自锁触点，而串联的 X20 常闭触点的作用是每按一次 X20 按钮，机械手会重新供给一个物体，必须把小物体指示灯复位。

中物体经过传感器时，X3、X2 接通，X1 断开；大物体经过传感器时，X3、X2、X1 均接通，依此类推，Y21、Y22 的驱动如图 3 – 48 所示。

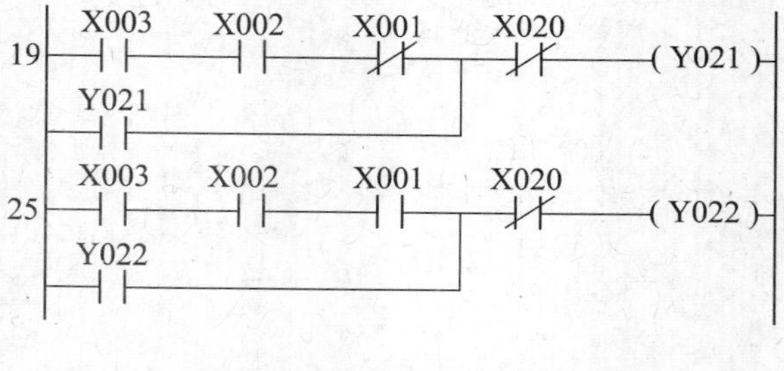

图 3 – 48　记忆"中物体""大物体"

如此，记忆物体体积大小的功能即已实现。

四、区分大、中物体

现在虽然能记忆输送带上运送物体的大小，也能把大物体和中物体分拣到 Y5 所控制的输送带上，但是大物体和中物体仍然只能从 X4 所在处掉落。最终分拣的要求是大物体从 X4 处掉落，中物体由 Y6 控制的推杆推到碟子上，应如何实现这样的控制呢？

注意到在推杆所在处有一个传感器能感应到有物体经过，此传感器与 X6 连接，此传感器只能感应有物体经过而不能区分物体大小。

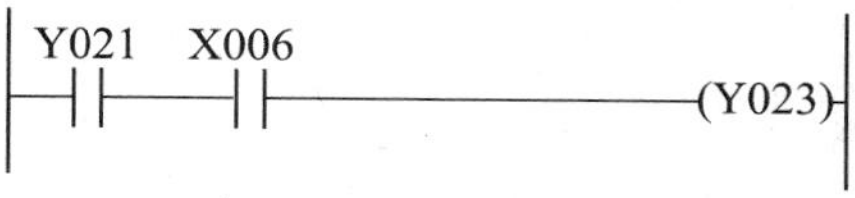

```
 Y021   X006
──┤├──────┤├──────────────( Y023 )
```

图 3 - 49　驱动推杆梯形图

为了让推杆从此处推出中物体，我们可以把两个条件合并为一个条件，用 Y23 指示中物体已经到达推杆所在处，因此可以添加如图 3 - 49 程序。

为了更准确地把中物体推出，Y23 亮的同时应该使 Y5 控制的输送带停止，让中物体停在推杆前。在控制输送带的输出线圈 Y5 的前面串联 Y23 的常闭触点即可实现。

然后用 Y23 的常开触点驱动推杆 Y6，即可把中物体推出。此时不同物体的分拣即告完成，完整梯形图程序如图 3 - 50 所示。

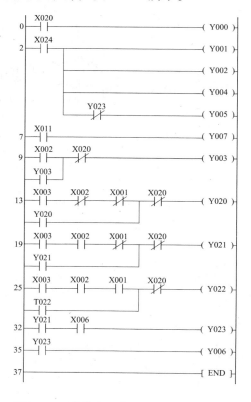

图 3 - 50　分拣大、中、小物体完整梯形图

思考：

1. 当大、中、小物体离开输送带时，如何让左侧的机械手自动供给物体？

2. 通过仿真软件 FX TRAINER 的 "F：高级挑战" 中的 "F－3．部件分配" 和 "F－5．正反转控制" 实现大中小物体的分拣。

任务 9　各种常用指令编程练习

学习目标

掌握置位、复位、上升沿、下降沿、主控指令等常用基本指令的应用。

任务内容

学习置位、复位、上升沿、下降沿、主控指令等常用基本指令的应用，掌握减少程序步数的基本原则。

任务实施

本任务内的程序既可以在 YL－235A 上实现，也可以使用三菱仿真学习软件 FX－TRN－BEG－C 完成。

1. 置位指令 SET、复位指令 RST

前面我们学习启动和停止控制的时候，使用的是并联自锁触点和串联常闭触点的方法，其实使用置位指令 SET 和复位指令 RST 也一样能实现，而且程序显得更简洁，梯形图如 3－51 所示。

```
       X021
0 ─────┤├──────────────────[ SET  Y000]
       X020
2 ─────┤├──────────────────[ RST  Y000]
```

图 3－51　置位和复位指令

图 3－51 中，当 X21 常开触点接通时，Y0 接通，此后 X21 常开触点断开时，Y0 仍通，这是因为 SET 指令具有自保持作用，此时要断开 Y0 只能使用复位指令 RST。此外 RST 复位指令还可以用来对计数器和定时器清零，在以后的内容中我们将会涉及。

2. 上升沿指令 LDP、下降沿指令 LDF

某些时候，我们要在某个动作接通和断开的一瞬间进行某些控制，这时上升沿指令 LDP 和下降沿指令 LDF 就能起作用。例如要求 X21 常开触点接通的瞬间使 Y0 接通，X21 断开的瞬间使 Y1 接通，梯形图如图 3 - 52 所示。

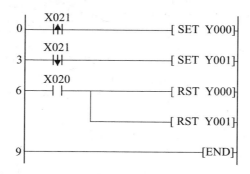

图 3 - 52　上升沿脉冲、下降沿脉冲指令

在 FX 系列早期的产品中，因没有 LDP 和 LDF 指令，可以使用 PLS 和 PLF 进行转化，图 3 - 53 的梯形图和图 3 - 52 实现相同的控制。

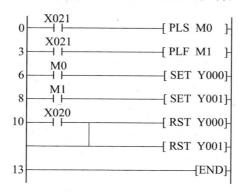

图 3 - 53　上升沿、下降沿的另一种形式

上升沿和下降沿的时序图如图 3 - 54 所示。

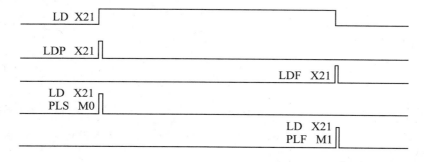

图 3 - 54　上升沿和下降沿时序图

3. 主控指令 MC、MCR

如果要实现一段程序的条件控制，即一段程序起作用的前提条件是某个触点闭合，这时可用主控指令 MC、MCR 实现。例如图 3 – 53 中 X21 上升沿启动 Y0，X21 下降沿启动 Y1，X20 清除 Y0 和 Y1 的前提是 X24 常开触点接通，则梯形图程序如 3 – 55 所示。

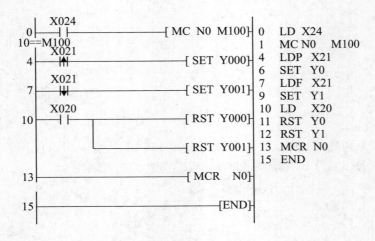

图 3 – 55   主控指令

主控指令中的辅助继电器 M 的编号没有顺序要求，但使用了某个辅助继电器 M 后，主控内以及程序的其他地方就不应再使用这个 M。

图 3 – 55 的梯形图等效于图 3 – 56。

图 3 – 56   主控指令等效梯形图

在主控指令内还可继续使用主控指令，称为嵌套主控指令，这时嵌套级 N 的编号按顺序增大，在使用 MCR 返回主控指令时，则从大的嵌套级开始消除。嵌套编号最多只能有八级，编号从 N0 ～ N7。

4. INV 指令

INV 指令的功能是将 INV 之前的运算结果反转，大多数时候可用常闭触点取代。

5. ANB、ORB、MPS、MRD、MPP、NOP 指令

ANB 是块串指令，ORB 是块或指令，MPS、MRD、MPP 是堆栈指令，NOP 是空指令，在使用手编程器向 PLC 内输入指令时，这些指令必须按正确的顺序输入，否则会导致程序错误而不能运行。在电脑日益普及的今天，图形化的编程软件在把梯形图转化为指令时已经能自动生成这些指令，如图 3 – 57 所示。

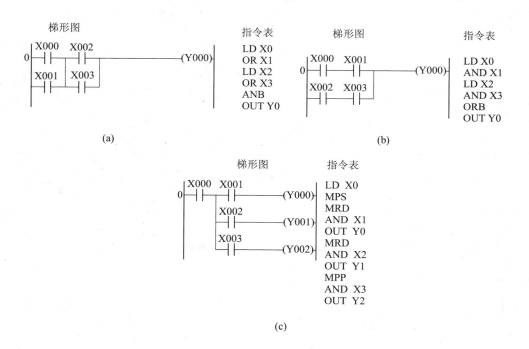

(a)　　　　　　　　　　(b)

(c)

图 3 – 57　块串、块并、堆栈指令

往 PLC 内输入程序也已经普遍采用电脑下载，所以这些指令已经不再需要专门去学习，大家了解它们的作用即可。

6. 程序的简化与步数节省

编写梯形图的时候，为了简化程序，尽可能地使程序步数减少，节省 PLC 内存空间，应按如下原则编写：

（1）上重下轻。在块与块的并联编程中，应把触点数目多的支路写在上面。例如图

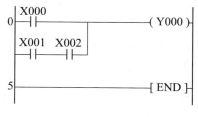

图 3 – 58　上"轻"下"重"

3-58 中程序有 4 行：

但是把图 3-58 梯形图按"上重下轻"原则修改为图 3-59 后实现的功能完全一样，程序步数变为 3 行。

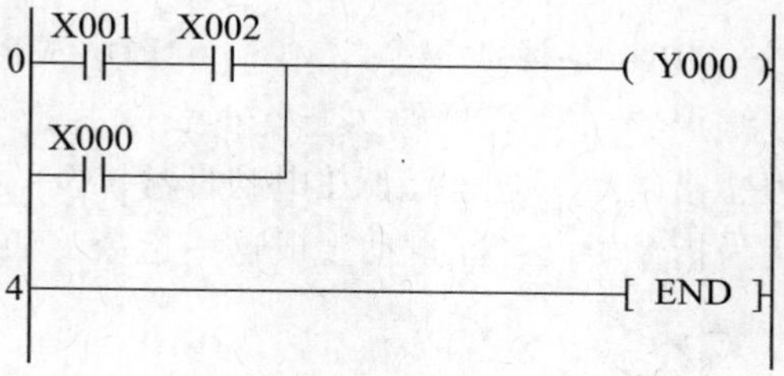

图 3-59　上"重"下"轻"

（2）左重右轻。在块与块的串联编程中，应把触点数目多的块写在左边，这样可以避免使用堆栈指令，例如图 3-60 所示程序为 7 行：

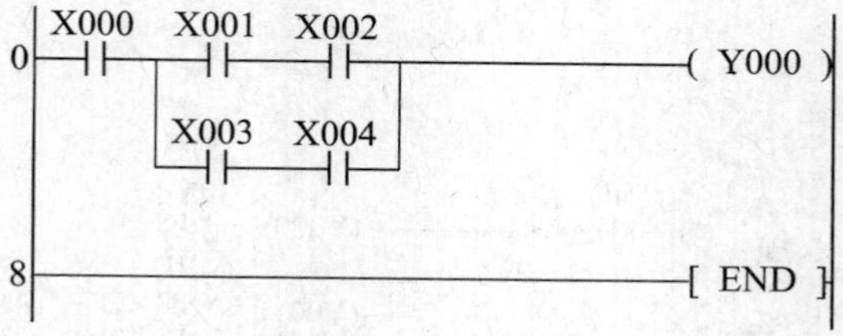

图 3-60　左"轻"右"重"

把图 3-60 程序按"左重右轻"原则修改后变为图 3-61，程序步数只有 6 行。

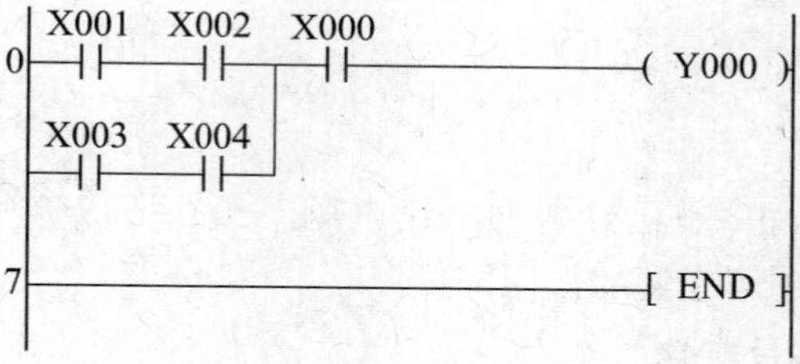

图 3-61　左"重"右"轻"

4 PLC 常用内部软元件

本章介绍辅助继电器、计数器、定时器的应用等 PLC 内部软元件的作用。

任务1 用辅助继电器改写大中小分拣程序

学习目标

学习使用内部辅助继电器改进程序。

任务内容

用辅助继电器改写三菱仿真学习软件 FX－TRN－BEG－C 中的"F－7. 分拣和分配线"的大中小分拣程序，节省输出端子，让程序结构更加合理。

任务实施

在"F－7. 分拣和分配线"实现大中小分拣的例子中，我们用输出端子 Y20、Y21、Y22 驱动指示灯以标记输送带上运送的物体类型，但 PLC 的输出端子有限，而且对于一个 PLC 来说，输入输出的点数越多，成本越高，我们应尽可能地节约输出端子的使用，这时可用内部的辅助继电器作物体类型的标记。

PLC 内部除了有与输入输出端子相对应的输入输出继电器外，内部还有许多与输入输出端子无对应关系的辅助继电器，每个辅助继电器同样有线圈和一对常开和常闭触点。它们以 M 标记，编号从 M0 开始，以十进制排，M0 之后是 M1、M2……M9、M10……，FX$_{2N}$内的普通辅助继电器的编号是 M0 ～ M499。

辅助继电器虽没有与输入输出直接相连，但可间接控制其他输出。如图4－1所示为点动控制 Y0 的另一种形式。图4－2所示为按钮启动和停止 Y0、Y1、Y2 的程序。

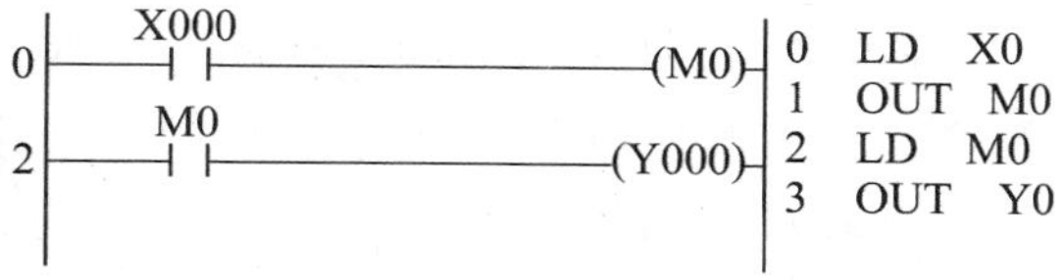

```
       X000
 0 ┤ ├                    (M0)    0  LD   X0
       M0                          1  OUT  M0
 2 ┤ ├                    (Y000)   2  LD   M0
                                   3  OUT  Y0
```

图4－1 点动控制 Y0

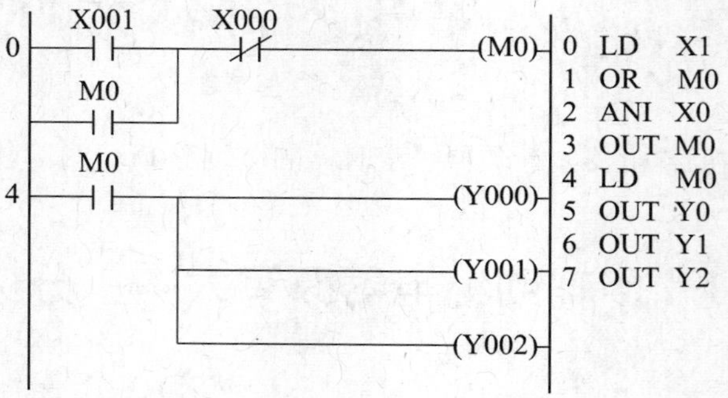

图 4 - 2 按钮启动和停止 Y0、Y1、Y2

回到"F - 7. 分拣和分配线"的大中小物体分拣的例子，这时我们可以用 M0 取代 Y20 标记输送带上的小物体，用 M1 取代 Y21 标记中物体，用 M2 取代 Y22 标记大物体，用 M3 取代 Y23 标记中物体被 X6 检测到，此时宝贵的输出端子 Y20、Y21、Y22 就可作其他用途了。

任务 2　实现停电保持功能

学习目标

理解停电保持辅助继电器的意义，学会编写具有停电保持功能的程序。

任务内容

突然停电后再恢复供电时恢复停电前的运行状态。

任务实施

一、停电保持辅助继电器

PLC 在工作过程中会遭遇意外停电，当供电恢复正常时，PLC 的 I/O 映像区会全部复位，输出端子 Y 寄存器也会全部复位。但有时有这样的需要：恢复正常供电时，要求 PLC 仍保持停电前的工作状态。比如当产品运送到输送带上某位置时突然停电，当恢复供电时如果 PLC 全部复位，则这个产品必须从输送带的起始端再进行整个生产过程的加工，这是不合理的。

为此，PLC 内部有停电保持辅助继电器可用以解决这个问题。设 Y0 为输送带正转驱动，X1 为启动按钮，X0 为停止按钮，普通的启动后连续运行梯形图如图 4 - 3 所示。

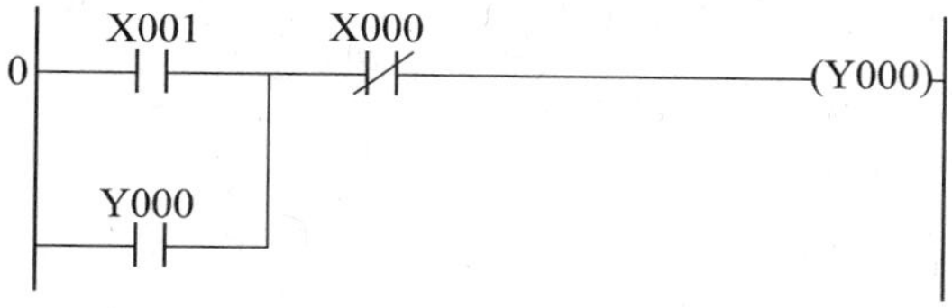

图 4 - 3　无停电保持

此时先启动 Y0，然后关闭 PLC 电源，再合上电源时，Y0 会恢复初始时的断开，不能保持停电前接通的工作状态。

FX$_{2N}$ 内的 M500 ～ M1023 为停电保持辅助继电器，我们把程序改为图 4 - 4。

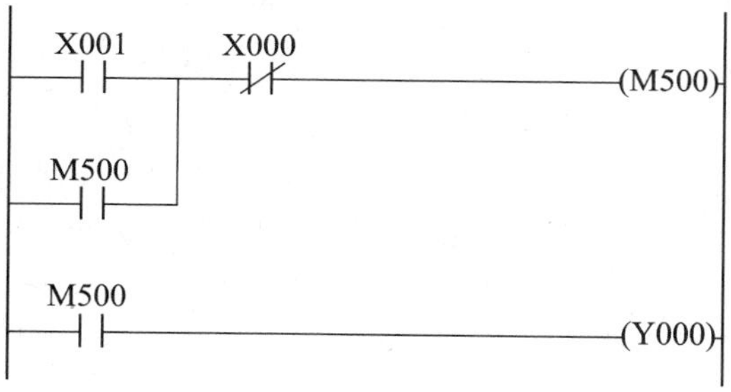

图 4 - 4　有停电保持梯形图

此时启动按钮 X1 启动的是停电保持继电器 M500，当系统工作后，即使遭遇意外停电，再恢复供电时由于 M500 具有停电保持作用，Y0 会保持停电前的工作状态。

二、特殊辅助继电器

FX$_{2N}$ 内还有以 M8000 开始的特殊辅助继电器，这类辅助继电器都各有特定的功能，例如 M8000 为运行监视器，在 PLC 处于运行时接通；M8002 为开机脉冲，PLC 从停止到运行的那一瞬间接通等等。

这类特殊辅助继电器从 M8000 起至 M8255 共有 256 个，按是否能由用户驱动可分为两大类：

1. 用户不能驱动，只能使用其触点

例如 M8000，当 PLC 处于运行状态时接通，可以用 M8000 驱动一个指示灯作 PLC 的运行指示。M8013 也是此类继电器，是一个周期为 1s 的方波信号，如

图 4 – 5 所示。

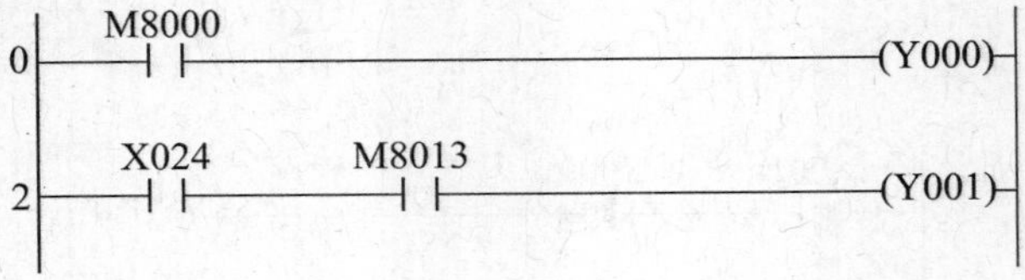

图 4 – 5　Y1 闪烁周期 1s

注意：如果试图驱动此类特殊辅助继电器，驱动无效，如图 4 – 6 所示。

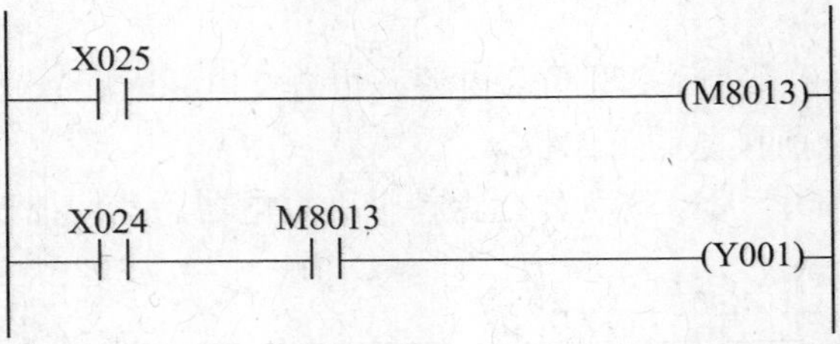

图 4 – 6　Y1 仍闪烁

即使 X25 闭合，M8013 仍是一个周期为 1s 的方波脉冲，跟 X25 是否闭合无关。

2. 由用户程序驱动从而实现某类功能的特殊辅助继电器

例如程序驱动 M8033 接通，此时即使 PLC 处于停止状态，所有输出端子 Y 仍保持停止前的状态而不会全部断开。驱动 M8040 接通，步进梯形图的状态转移将会禁止，这在调试程序时常用。

任务 3　计数器编程练习

学习目标

学习计数器的性能特点及其应用。

任务内容

一、普通 16 位加计数器

在生产和生活中有许多场合需要计数控制，例如交通灯在一个循环中黄灯要闪烁三次后才转红灯，某一个生产线上的工位要加工多少次才转入下一个工位等等。

在 PLC 中可方便地实现计数控制，因为 PLC 内有几百个计数器。

计数器有设定值和当前值，当前值达到设定值时计数器的常开触点接通，常闭触点断开，当前值没达到设定值时则相反。

计数器的类型较多，第一类是普通 16 位加计数器 C0 ～ C99，这类计数器的计数设定值最大只能为 32767。

二、停电保持计数器

PLC 在运行时遭遇意外而停电时，如果程序内使用的是普通计数器，停电时所有普通计数器的当前值都会被清零，但许多时候我们却需要保持停电前的计数值，例如一个零件需要加工 10 次才能完成，当加工到第五次时突然停电，恢复供电时只需再加工五次即可，这时就需要使用停电保持计数器。

16 位停电保持计数器的编号是 C100 ～ C199，共 100 个，计数的最大设定值仍为 32767。

三、32 位双向计数器

32 位双向计数器编号为 C200 ～ C234，计数设定范围是： － 211 47 483 648 ～ ＋ 211 47 483 647，可进行增/减计数，计数的方向由对应的特殊辅助继电器决定，默认为增计数器，当对应的特殊辅助继电器接通（为 1）后，即变为减计数器。

双向计数器与决定方向的特殊辅助继电器的对应关系是：C200 对应 M8200，C201 对应 M8201……C234 对应 M8234。

双向计数器也分为普通双向计数器和停电保持双向计数器两大类，分类如下：

（1）普通双向计数器：C200 ～ C219。

（2）停电保持双向计数器：C220 ～ C234。

四、高速计数器

除此之外，C235 ～ C255 为高速计数器，使用方法比较复杂，限于篇幅此处不作介绍，有兴趣的读者可查阅相应的参考资料。

🌀 任务实施

假若要对 C0 设定计数三次，常用的语法为"OUT　C0　K5"，其中的"K"代表十进制数。

一、初始时红灯 Y0 不亮，按下五次计数按钮 X20 之后 Y0 才亮

（1）列出 I/O 分配表，如表 4 - 1 所示。

表 4 - 1　I/O 分配表

输入端子		输出端子	
X20	计数按钮	Y0	红灯
X21	清零按钮	Y1	黄灯
		Y2	绿灯

（2）画出 I/O 接线图，如图 4 - 7 所示。

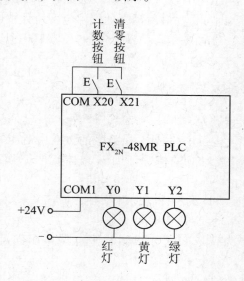

图 4 - 7　"计数控制" PLC 接线圈

（3）编写梯形图程序，如图 4 - 8 所示。

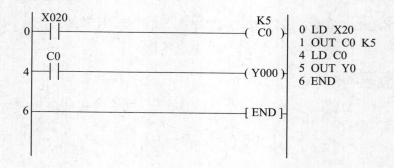

图 4 - 8　计数控制梯形图

二、使用计数器的常闭触点

I/O 分配表和接线图分别同表 4 – 1 和图 4 – 7。

计数器除了有常开触点外，同样也有常闭触点。例如在上述程序的基础上，我们要求实现这样的控制：初始时 Y0 不亮但 Y2 亮，按下五次 X20 之后 Y0 亮而 Y2 不亮。程序如图 4 – 9 所示。

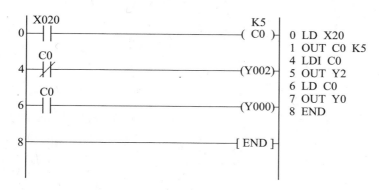

图 4 – 9　计数器常闭触点应用

计数器达到设定值后，常开触点一直保持接通，常闭触点断开，如图 4 – 10 所示。

这时 Y0 将一直保持接通，那么应如何断开 C0 的常开触点从而断开 Y0 呢？只要把 C0 的当前值清除为 0，计数器就恢复常开触点断开、常闭触点接通的初始状态，实现这个功能的指令是复位指令 RST，语法为 "RST C0"，如图 4 – 11 所示，当按下 X21 后即可把 C0 的计数值清除，Y0 即断开。

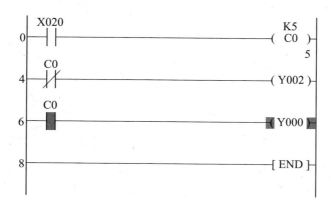

图 4 – 10　计数器 C0 计数值达设定值

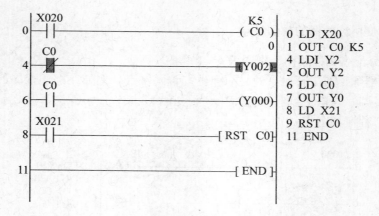

图 4 – 11　加清零指令后的计数控制梯形图

　　如果要连续清除两个以上的定时器，可使用连续清零功能指令 ZRST 实现，例如要连续对 C0 和 C1 清零，可以使用"ZRST C0 C1"，这条指令的作用是从编号 C0 开始，一直到 C1 都清零，而"ZRST C0 C99"则把 C0 至 C99 的 100 个计数器全部清零。

三、编写程序

　　要求实现控制：按计数按钮三次后红灯亮，再按两次后绿灯也亮，按下清零按钮后两盏灯皆灭，之后再按计数按钮三次后重复上述过程。

　　（1）I/O 分配表和接线图分别同表 4 – 1 和图 4 –7。

　　（2）编写梯形图程序。可以采用两个计数器，一个设定计数值为三次，用于控制红灯，另一个设定计数值为五次，用于控制绿灯，程序如 4 – 12 所示。

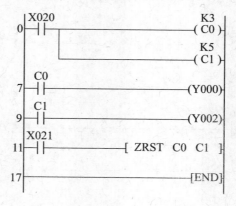

图 4 – 12　按钮控制三盏灯

四、单按钮控制

要求用一个按钮控制一盏灯，按一次后灯亮，再按一次后灯灭，再按后灯又亮，再按后灯又灭……即按下奇数次后灯亮，按下偶数次后灯灭。

（1）I/O分配表和接线图分别同表4-1和图4-7。

（2）编写梯形图程序，此控制不需要清零按钮，用同一个按钮实现清零复位，因此同样需要设置两个计数器，计数设定值分别为1次和两次，一个计数器用于使灯亮，另一个用于清零复位，而且必须把这个计数器自身也复位。程序如图4-13所示。

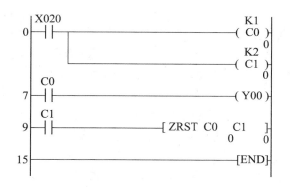

图4-13　单个按钮控制一盏灯

思考： 如何实现单按钮控制三盏灯？控制要求为按一次按钮Y0亮，按两次后Y1也亮，按三次后Y2也亮，按四次后三盏灯都灭，按第五次后又是Y0亮……

任务4　定时器编程练习

学习目标

掌握FX$_{2N}$系列可编程控制器内部定时器的性能特点。

任务内容

某些生产设备由于安全的需要，不能轻易启动，通常设定为按下启动按钮一定时间后才能启动机器。模拟此类控制，要求按下按钮5s后红灯Y0亮。

任务实施

FX$_{2N}$系列 PLC 内部有多种定时器，下面我们先学习普通的 100ms 定时器，这些定时器的编号为 T0 ～ T199，共 200 个。

定时器同样有设定值和当前值，当前值达到设定值时常开触点接通，常闭触点断开，当前值没达到设定值时则相反。T0 ～ T199 的最大设定值为 32767，即单个定时器的最长设定计时时间为 3276.7s。

如果要求定时器 T0 的定时设定值为 3s，常用的语法为"OUT T0 K30"，其中的"K"同样代表十进制数，"K30"即表示设定 3s，每个数值代表 100ms.

可把普通定时器想象成一个"电钟"，当电钟得电时开始计时，计时达到设定值时定时器的常开触点接通，常闭触点断开。若电钟失电则马上复位，当前值清零，常开触点恢复为初始状态的断开，也就是说定时器可以不用"RST"指令清零，只要左侧的母线不能给定时器供电，定时器立即复位清零，这是定时器与计数器不同的地方。

（1）列出 I/O 分配表，如表 4-2 所示。

表 4-2　I/O 分配表

输入端子		输出端子	
X20	按钮	Y0	红灯

（2）画出 I/O 接线图，如图 4-14 所示。

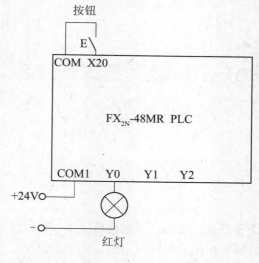

图 4-14　"定时器练习"PLC 接线图

程序如图 4 - 15 所示。

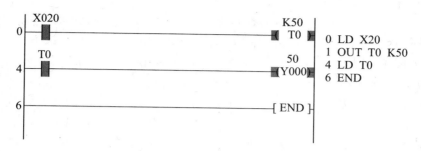

图 4 - 15　程序梯形图

注意此时只要一松开 X20 外部所接的按钮，X20 内部的常开触点即断开，T0 失电，立即清零，T0 的常开触点也断开，从而使 Y0 灭。普通定时器失电即清零的特点会使今后编写定时器循环的程序简化。

除了定时单位为 0.1s 的普通定时器 T0 ～ T199 外，FX$_{2N}$ 内还有其他定时器，下面就对此作介绍：

1. 10ms 定时器

T200 ～ T245 为 10ms 定时器，除了定时单位不同外，其使用方法与 100ms 定时器完全一样。

2. 累加定时器

T246 ～ T249 为 1ms 累加定时器，T250 ～ T255 为 100ms 累加定时器，累加定时器也叫积算定时器，特点是即使定时器"失电"，定时器计数的当前值仍保持，甚至遭遇意外停电时计时值也照样保持，可以累计定时器"得电"的时间。这类定时器的复位必须使用 RST 指令。

设 X1 接某传感器，如图 4 - 16 所示程序可以测量传感器的闭合时间，当传感器闭合时间小于 40ms 时 Y0 接通，其中的"［ ＜ T246 K40］"是触点比较指令，属于功能指令。

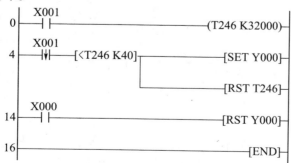

图 4 - 16　测量传感器感应时间梯形图

思考：

1. 上面的例题中，按下按钮 5s 后 Y0 亮，但按钮松开 Y0 即灭。请修改图 4-15程序，要求按钮松开后 Y0 也不会灭，直到按下 X21 所接的按钮后才灭。

2. 修改练习 1，要求不但启动时要按下按钮 5s 后才能启动，停止时也要按下 X21 所接的按钮 3s 后才能停止。

3. 编写程序，实现延时断，即开关闭合后灯立即亮，开关断开后 5s 灯才灭。

任务 5　按钮启动自动熄灭楼道灯

学习目标

掌握按钮启动自动熄灭楼道灯的编程技巧。

任务内容

一些小区住宅楼的楼道旁装有一个按钮，按下按钮后楼梯灯亮 30s 后灭，以取代此前常见的声光控灯，防止深夜有人为了亮灯而造成的噪声干扰。模拟此类控制，要求按下按钮后 Y0 所接的灯亮 5s 后灭。

任务实施

一、列出 I/O 分配表

按任务要求列出 I/O 分配表如表 4-3 所示。

表 4-3

输入端子		输出端子	
X20	启动按钮	Y0	楼道灯

二、画出 I/O 接线图

I/O 接线图如图 4-17 所示。

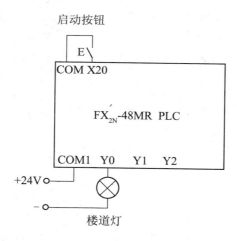

图 4 - 17　定时自动熄灭 PLC 接线图

三、编写梯形图程序

我们分析任务要求,首先按下按钮后楼道灯应该立即亮,松开按钮后灯仍能保持亮的状态,所以这是一个典型的自锁控制,程序如图 4 - 18 所示。

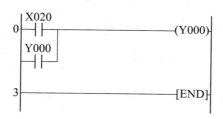

图 4 - 18　自锁控制

图 4 - 18 中的程序写入 PLC 运行后,只要启动了楼道灯,灯就会长亮,这明显不符合控制要求。控制要求是灯亮 30s 后灭,所以必须使用定时器,而且应该利用定时器的常闭触点,定时器应该在灯亮时计时。按此要求编写梯形图程序,如图 4 - 19 所示。

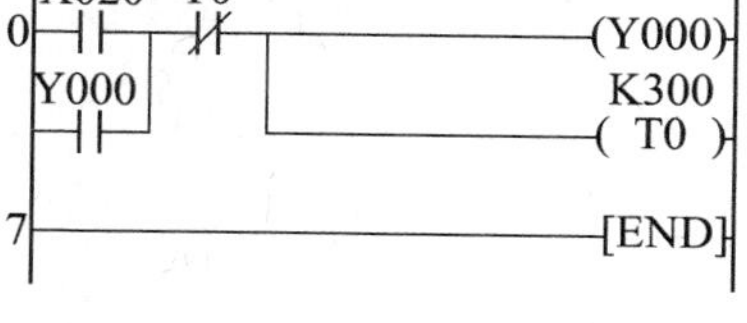

图 4 - 19　定时自动熄灭梯形图

也可使用置位、复位指令编写同样功能的程序，如图 4-20 所示。

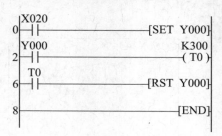

图 4-20　使用置位指令

任务 6　PLC 控制电动机 Y - △ 降压启动运行

学习目标

掌握三相电动机（Y-△）降压启动运行的控制程序编写。

任务内容

有一个三相交流电动机，由主接触器、星形连接接触器、三角形连接接触器控制，设有启动按钮和停止按钮，请编写用 PLC 控制的星形-三角形降压启动控制程序。

任务实施

电动机 Y-△降压启动运行的按钮-接触器控制的电路原理图如图 4-21 所示，其工作过程大致如下：

（1）按下启动按钮后，主接触器和 Y 形接触器得电，电机绕组接成 Y 形，定子线圈电压较低，启动电流较小。

（2）Y 形接触器得电数秒后断开，立即接通△形接触器，电机绕组电压升高，电机转矩增大，此时为全压运行。

（3）按下停止按钮后，主接触器和△形接触器失电，电机与电源断开，电机停止。

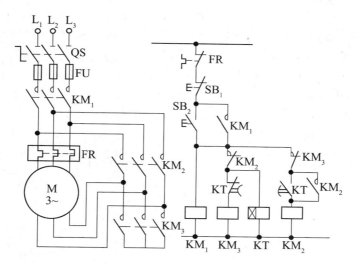

图4-21 Y-△降压启动控制线路

所以星形-三角形降压启动运行控制就是一个定时控制，利用 FX_{2N} 系列 PLC 内部丰富的定时器资源可以轻松地编写这种程序。

一、列出 I/O 分配表

首先我们必须根据任务要求列出 I/O 分配表。用 PLC 改写这种控制电路，我们不能改变三相主电路的线路，只需要把控制电路部分改由 PLC 控制，因此图4-21控制电路中的时间继电器 KT 可以由 PLC 内部的定时器代替，不过要注意的是接触器线圈的回路中仍必须保持星形接触器和三角形接触器的互锁。电路修改如图4-22所示。

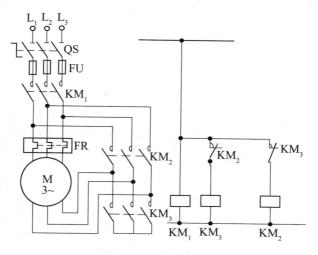

图4-22 Y-△降压启动控制线路

涉及的控制元件分别有启动按钮、停止按钮、热继电器、主接触器、星形连接接触器、三角形连接接触器，所以可列出 I/O 分配表如表 4 - 4 所示。

表 4 - 4　I/O 分配表

输入端子		输出端子	
X20	启动按钮	Y0	主接触器 KM_1
X21	停止按钮	Y1	三角形接触器 KM_2
X22	热继电器	Y2	星形接触器 KM_3

二、画出 I/O 接线图

跟此前任务中的 I/O 接线图不同的是，图 4 - 23 中 X21 外接的停止按钮触点和 X22 外接的热继电器触点都是常闭触点，这是实际控制中为了停止的可靠性而普遍采用的连接方法，在编程时一定要注意。

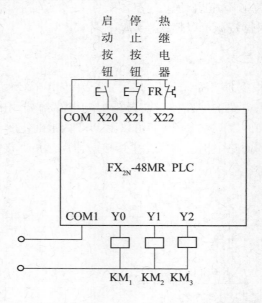

图 4 - 23　I/O 接线图

三、编写梯形图程序

根据任务要求，按下启动按钮后 Y0 和 Y2 立即接通，经 5s 后 Y2 断开，Y1 立即接通，所以在按下启动按钮后进行计时。无论任何情况下，只要按下停止按钮或者热继电器的常闭触点断开，所有接触器都应断开，梯形图程序如图 4 - 24

所示。

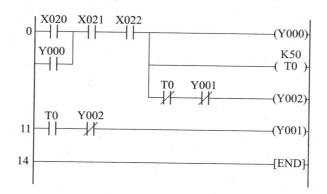

图4-24 Y-△降压启动控制梯形图

当然也可以使用置位和复位指令编写，请读者自行编写。

任务7 彩灯控制

🌀 学习目标

学习使用定时器实现彩灯的花样控制。

🌀 任务内容

利用定时器实现两盏彩灯的循环点亮。

🌀 任务实施

彩灯是当今广泛使用的一种城市装饰产品，节日期间有许多城乡居民家庭也会使用彩灯装饰以增强节日气氛。PLC内由于具有丰富的定时器资源，能方便地实现各种定时控制，很适合用来作彩灯的控制器。

我们先以最简单的两盏彩灯为例说明定时器的应用，假设有一盏红灯和一盏黄灯，由一个开关控制，开关合上后红灯先亮3s，然后红灯灭变为黄灯亮，黄灯亮5s后灭，再变为红灯亮3s……一直循环，时序图如图4-25所示。

图4-25 彩灯时序图

为此可列出 I/O 分配表如表 4-5 所示。

表 4-5　I/O 分配表

输入端子		输出端子	
X24	运行开关	Y0	红灯
		Y1	黄灯

I/O 接线图如下图 4-26 所示。

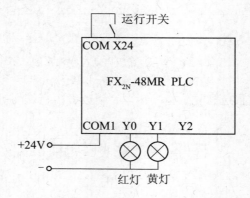

图 4-26　I/O 接线图

在上述的时序图中有两个时间间隔，我们可以用两个定时器进行定时控制，而且让这两个定时器进行接力，闭合开关后第一个定时器得电开始计时，这个定时器定时达设定值时立即使后一个定时器得电进行计时，程序如图 4-27 所示。

图 4-27　定时器接力

图 4-27 中，开关 X24 闭合后定时器 T0 得电计时，T0 达设定值后 T0 的常开触点闭合使 T1 得电开始计时。

设 Y0 接红灯，Y1 接黄灯，可以看出开关闭合后在 T0 计时期间红灯应该亮，当 T0 达设定值时红灯灭，变为黄灯亮，因此红灯和黄灯应该由定时器控制，程序如图 4-28 所示。

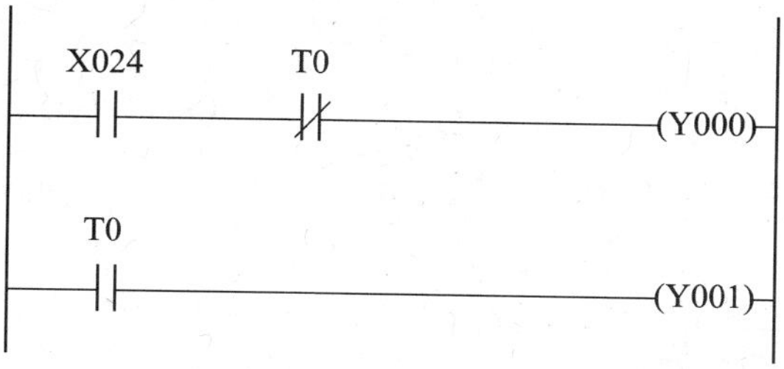

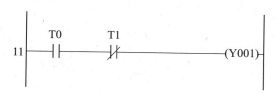

图 4 - 28　定时器控制红、黄灯

　　图 4 - 28 能实现红灯亮 3s 后变为黄灯亮，但黄灯亮了之后，即使 T1 达到设定值黄灯也不灭。因为 T1 达设定值时常开触点接通而常闭触点断开，所以我们可在黄灯 Y1 前串联 T1 的常闭触点，让黄灯亮 5s 后灭，如图 4 - 29 所示。

图 4 - 29　黄灯亮 5s 后熄灭

　　这时问题又出现了，黄灯灭了之后红灯并不会亮，不能实现循环。因为 Y0 的红灯是由开关和 T0 的常闭触点控制的，此时开关 X24 虽然仍闭合，但 T0 早已达设定值，所以 T0 的常闭触点仍断开，红灯不亮。要实现循环，应该让 T0 清零后重新进行计时。只要 T0 清零，T0 的常开触点断开，T1 也失电清零。

　　定时器的特点是只要一失电就清零恢复初始状态，我们可以在 T0 线圈之前串联 T1 的常闭触点，当 T1 计时到设定值时 T1 的常闭触点断开，T0 即失电清零，随之 T1 也失电清零，T1 清零后常闭触点恢复接通使 T0 重新得电计时，定时器循环即可实现，所以两盏彩灯控制的完整程序如图 4 - 30 所示。

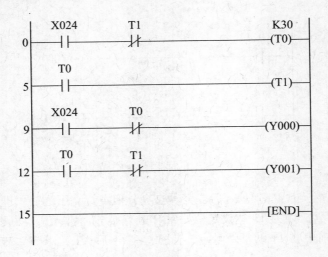

图4-30 彩灯控制完整程序

思考：

设有红、黄、绿三盏灯，三灯亮灭的顺序为红灯亮8s后变为绿灯亮5s，然后再变为黄灯亮3s，之后再转回红灯亮8s，一直循环，请编写梯形图程序。

任务8 交通灯的定时控制

学习目标

进一步掌握定时器的应用技巧。

任务内容

设有一个交通灯，由开关控制，开关闭合后东西和南北方向各灯亮灭的顺序如图4-31所示：

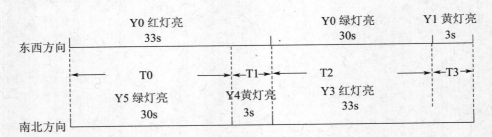

图4-31 交通灯亮灭顺序图

要求编写交通灯的控制程序。

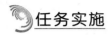任务实施

一、列出 I/O 分配表

根据任务要求，交通灯由一个运行开关控制，开关闭合后交通灯才开始工作，东西方向对向的红、绿、黄都是同时亮同时灭，每一对灯可以由一个输出端子控制，共需要三个输出端子，同理南北方向也需要三个输出端子，可列出 I/O 分配表，如表 4 - 6 所示。

表 4 - 6 I/O 分配表

输入端子		输出端子	
X0	运行开关	Y0	东西方向红灯
		Y1	东西方向黄灯
		Y2	东西方向绿灯
		Y3	南北方向绿灯
		Y4	南北方向黄灯
		Y5	南北方向红灯

二、画出 I/O 接线图

可以看出应该用四个定时器接力实现相应的控制，对定时器的安排如下：T0 作南北方向绿灯亮计时，T1 作南北方向黄灯亮计时，T2 作东西方向绿灯亮计时，T3 作东西方向黄灯亮计时，交通灯的运行过程有如下五个阶段：

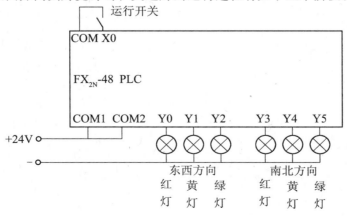

图 4 - 32 十字路口交通灯 PLC 接线图

（1）运行开关（X0）合上后，东西方向红灯亮，南北方向绿灯亮，同时启动 T0 开始计时，T0 计时设定时间为 30s。

（2）T0 定时时间 30s 到后，东西方向红灯仍保持亮，南北方向绿灯灭，黄灯亮，同时启动 T1 开始计时，T1 计时时间设定为 3s。

（3）T1 定时时间 3s 到后，东西方向红灯灭，绿灯亮；南北方向黄灯灭，红灯亮，启动 T2 开始计时，T2 计时时间设为 30s。

（4）T2 定时时间到后，东西方向绿灯灭，黄灯亮；南北方向仍保持红灯亮。启动 T3 开始计时，T3 定时时间设定为 3s。

（5）T3 定时时间到后，东西方向黄灯灭红灯亮，南北方向红灯灭绿灯亮，返回到第一阶段。

则十字路口交通灯的梯形图程序如图 4－33 所示。

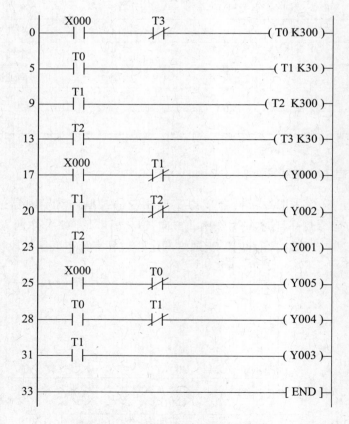

图 4－33　十字路口红绿灯梯形图

思考：

1. 为何东西和南北方向的最后一盏灯都不用 T3 的常闭触点断开？

2. 请在十字路口交通灯的基础上加上绿灯闪烁功能，要求绿灯在最后 3s 每秒闪烁一次（可串联特殊辅助继电器 M8013）。

5　状态转移图和步进指令

在交通灯的控制中，当系统运行后，某一方向的交通灯将以红、绿、黄、红、绿、黄……的固定顺序运行，与外界的交互较少。

在 YL－235 实训装置的机械手控制中，机械手从初始状态启动后，也是以固定的伸出、下降、夹紧、上升、缩回……动作运行。

这类控制有一个共同点，就是系统启动后基本以固定的顺序一步接一步进行。如果用基本顺控指令编写这类程序，需要编程技术人员有扎实的编程功底，编写的程序行数也较多，调试、修改都不方便。

FX 系列有两个指令可使初学者也能方便地编写上述程序，这两个指令就是步进指令 STL 和 RET。使用步进指令再配合状态元件 S，会使编程大大简化。

状态元件 S 也是 FX 系列的内部软件元件，编号为 S0 ～ S999，分为三种，分别是普通状态、停电保持状态和报警状态，其分类如表 5－1 所示。

表 5－1　状态元件 S 分类

	一般用	初始化用	ITS 命令时的原点回归用	停电保持用	初始化用	ITS 命令时的原点回归用	报警器用
FX$_{2N}$ FX$_{2NC}$ 系列	S0 ～ S499 500 点①	S0 ～ S9 （10 点）	S10 ～ S18 （10 点）	S500 ～ S899 400 点③	—	—	S900 ～ S999 100 点②

注：①非停电保持领域，通过参数的设定可变更停电保持的领域。

②停电保持领域，通过参数的设定可变更非停电保持的领域。

③停电保持特性，不可通过参数的设定变更。

任务 1　用步进指令改写交通灯控制程序

学习目标

学习使用步进指令编写交通灯控制程序。

任务内容

使用步进指令 STL、RET 编写交通灯控制程序。

任务实施

十字路口交通灯的工作过程在上章任务中已进行过分析，可分为四个阶段，上一个阶段结束后立即开始下一阶段，最后一个阶段结束后返回到第一阶段再重复循环运行，这是一个典型的单流程的工作过程，很适合使用步进指令进行编程。

运用步进指令编写顺序控制程序时，首先应确定整个控制系统的流程，然后将复杂的任务或过程分解成若干个工序（状态），最后弄清各工序成立的条件、工序转移的条件和转移的方向，这样就可画出顺序功能图，根据顺序功能图就可以使用步进指令 STL（步进开始指令）和 RET（步进结束指令）将之转化为 SFC 状态转移图程序或者是直接输入为梯形图程序，逻辑简单直观，编程方便。

十字路口交通灯在运行开关闭合后，工作过程可归纳为图 5-1 中的四个过程：

I/O 分配表和 I/O 接线图跟第四章的任务 8 "交通灯控制"一样，如表 5-2 和图 5-2 所示。

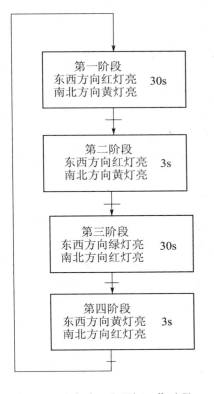

图 5-1　十字路口交通灯工作过程

表 5-2　I/O 分配表

输入端子		输出端子	
X0	运行开关	Y0	东西方向红灯
		Y1	东西方向黄灯
		Y2	东西方向绿灯
		Y3	南北方向绿灯
		Y4	南北方向黄灯
		Y5	南北方向红灯

工序转移图转化为 PLC 的状态转移图，如图 5-3 所示：

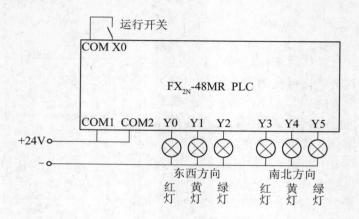

图 5-2 I/O 接线图

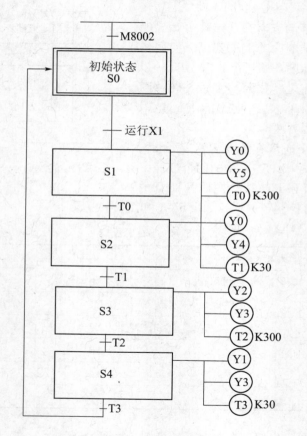

图 5-3 PLC 状态转移图

其中 M8002 为 PLC 的开机脉冲特殊辅助继电器，只在开机瞬间接通。

再把上面的状态转移图转化为梯形图，如图5-4所示。

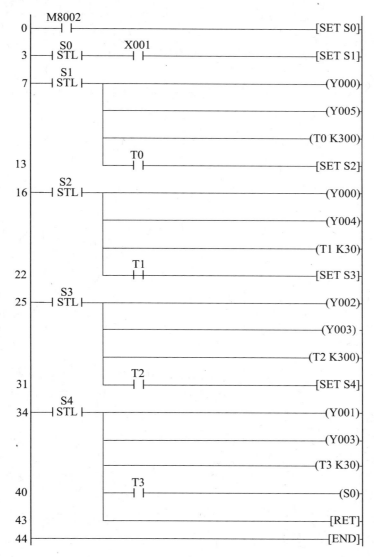

图5-4 梯形图

步进指令结束处必须要加步进返回指令 RET。如果使用了状态初始化功能指令 RST，自动模式的第一个状态通常为 S20，所以上图中的 S1 ～ S4 也可改为 S20 ～ S24。

步进指令在使用时还应注意下列事项：

（1）与 STL 触点相连的触点应用 LD 或 LDI 指令，只有执行完 RET 后才返回左侧母线；

（2）STL 触点可直接驱动或通过别的触点驱动 Y、M、S、T 等元件的线圈；

（3）由于 PLC 只执行活动步对应的电路块，所以使用 STL 指令时允许双线圈输出（顺控程序在不同的步可多次驱动同一线圈）；

（4）STL 触点驱动的电路块中不能使用 MC 和 MCR 指令，但可以用 CJ 指令；

（5）在中断程序和子程序内，不能使用 STL 指令。

任务 2   手动机械手控制 1

🌀 学习目标

掌握 YL‑235A 机械手的动作顺序。

🌀 任务内容

手动按压电磁换向阀的测试键，使机械手完成伸出、下降、手爪夹紧、上升、缩回、右转、伸出、下降、手爪松开、上升、缩回、左转的整个动作周期。

🌀 任务实施

因为控制精确和效率高，机械手在现代化的自动生产线中应用极为广泛。而通过气体的压强或膨胀产生的力来做功的气动元件在自动化控制中同样获得广泛的应用，因为气动元件具有以下的优点：

（1）气动装置结构简单、轻便、安装维护简单。介质为空气，较之液压介质来说不易燃烧，故使用安全。

（2）工作介质是取之不尽的空气、空气本身不花钱。排气处理简单，不污染环境，成本低。

（3）输出力以及工作速度的调节非常容易。气缸的动作速度一般小于1m/s，比液压和电气方式的动作速度快。

（4）可靠性高，使用寿命长。电器元件的有效动作次数约为百万次，而一般电磁阀的寿命大于 3 000 万次，某些质量好的阀超过 2 亿次。

（5）利用空气的压缩性，可贮存能量，实现集中供气。可短时间释放能量，以获得间歇运动中的高速响应。可实现缓冲。对冲击负载和过负载有较强的适应能力。在一定条件下，可使气动装置有自保持能力。

（6）全气动控制具有防火、防爆、防潮的能力。与液压方式相比，气动方式可在高温场合使用。

（7）由于空气流动损失小，压缩空气可集中供应，远距离输送。

　　YL-235A光机电一体化实训装置中就配有一个功能较为完善的机械手，此机械手由四个双向气缸驱动，双向气缸的气路由双向电控阀控制，配有检测气缸位置的磁性开关，外形如图5-5所示。

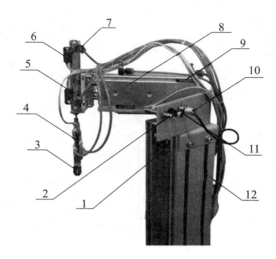

图5-5　机械手外形

1——旋转气缸；2——非标螺丝；3——气动手爪；4——手爪磁性开关Y59BLS；
5——提升气缸；6——磁性开关D-C73；7——节流阀；8——伸缩气缸；
9——磁性开关D-Z73；10——左右限位传感器；11——缓冲阀；12——安装支架

　　控制机械手气缸气路的是四个二位五通的带手控开关的双电控电磁阀，这些电控换向阀集中安装在汇流板上，汇流板中两个排气口末端均连接了消声器，消声器的作用是减少压缩空气在向大气排放时的噪声。

　　电磁换向阀是利用其电磁阀线圈通电时，静铁芯对动铁芯产生电磁吸力使阀芯切换，达到改变气流方向的目的。YL-235A系统所采用的电磁阀，带手动换向、加锁钮，有锁定（LOCK）和开启（PUSH）两个位置。用小螺丝刀把加锁钮旋到LOCK位置时，手控开关向下凹进去，不能进行手控操作。只有在PUSH位置，可用工具向下按，信号为"1"，等同于该侧的电磁信号为"1"；常态时，手控开关的信号为"0"。在进行设备调试时，可以使用手控开关对阀进行控制，从而实现对相应气路的控制，以改变推料缸等执行机构的控制，达到调试的目的。

　　本次任务为使用手动按压电控阀的测试按钮让机械手完成一个周期的动作，任务可按以下步骤实施：

一、启动气泵

　　气动元件必须要有压缩空气作为能量来源，实验的第一步要启动压缩气泵。

二、打开气源阀门

气泵经一个气源处理组件与气泵的供气回路相连,气源处理组件外形如图5-6所示,上有一个监控气路压力的气压表。气动控制系统中的基本组成器件,它的作用是除去压缩空气中所含的杂质及凝结水,调节并保持恒定的工作压力。该组件具有自动排水功能,以免被重新吸入。气源处理组件的气路入口处安装一个气路开关,用于启/闭气源。

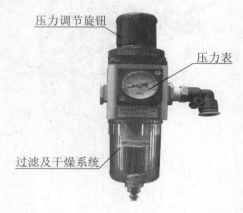

图5-6 气源处理组件外形

当气泵启动一段时间后,气源处理组件上的气压表显示压力达到0.2MPa以上时即可打开气源组件阀门。

三、按压电磁阀测试键,完成机械手的动作

单个电磁换向阀的示意图如图5-7所示。

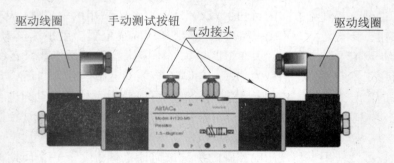

图5-7 双向电控阀示意图

按下电控阀的手动测试按钮,相当于同一位置的驱动线圈得电,电控阀就会执行相应动作。

YL－235 上的四个双向电控阀和三个单向电控阀组成的电磁阀组安装在实验桌上后如图 5－8 所示。

其中四个为控制机械手的双向电控换向阀，三个为控制推杆的单向电控阀。本任务为逐个按压每个双向电控阀的测试按钮，让机械手实现手爪夹紧和松开、手臂伸出和缩回、手臂上升和下降、手臂左转和右转等动作。注意在机械手手臂处于下降位置时不能作伸出和缩回动作，否则极易损坏机械手。在机械手手臂伸出时也不要做旋转动作，否则也容易损坏机械手。

熟悉之后，让机械手处于上限、左限、手臂缩回、手爪松开作为初始状态，按压相应的电磁阀测试钮，使机械手做手臂伸

图 5－8　电磁阀组

出、手臂下降、手爪夹紧、手臂上升、手臂缩回、手臂右转、手臂伸出、手臂下降、手爪松开、手臂上升、手臂缩回、手臂左转回到初始状态，模拟从输送机构上夹取物体后再在输送带落料口放下的一个完整周期的动作。

任务3　手动机械手控制 2

学习目标

掌握 YL－235A 机械手控制的电控阀排列顺序。

任务内容

手动连接控制机械手的 8 个电磁换向阀的电磁线圈电路，熟悉机械手电磁阀的排列顺序。

任务实施

通过上一任务的练习，已经能掌握机械手的动作顺序，但是上一任务的操作是通过手动按压换向阀的测试按钮完成的，操作不方便。电磁换向阀顾名思义是通过线圈得电后让换向阀改变气路，所以我们可以通过手动接线让电磁阀的线圈得电从而让机械手完成各种动作。

要完成此项任务，首先要了解机械手各电磁线圈的接线端子在何处。YL－235A 的接线端子布置图如图 5－9 所示。

注：
1、传感器引出线，棕色表示"正"蓝色表示"负"黑色表示"输出"
2、电控得分单向和双向，单向一个线圈，双向两个线圈的两个横头表示一个线圈。图中"1""2"表示

端子号	功能说明
1	驱动启示灯红灯
2	指示灯停止警示灯红
3	警示信号公共端
4	警示灯绿电源正
5	警示灯电源负
6	转盘电机电源正
7	转盘电机电源负
8	触摸屏电源正
9	触摸屏电源负
10	驱动手爪抓紧双向电控阀1
11	驱动手爪抓紧双向电控阀2
12	驱动手爪松开双向电控阀1
13	驱动手爪松开双向电控阀2
14	驱动手爪提升双向电控阀1
15	驱动手爪提升双向电控阀2
16	驱动手爪下降双向电控阀1
17	驱动手爪下降双向电控阀2
18	驱动手臂伸出双向电控阀1
19	驱动手臂伸出双向电控阀2
20	驱动手臂缩回双向电控阀1
21	驱动手臂缩回双向电控阀2
22	驱动手臂左转双向电控阀1
23	驱动手臂左转双向电控阀2
24	驱动手臂右转双向电控阀1
25	驱动手臂右转双向电控阀2
26	驱动推料一伸出单向电控阀1
27	驱动推料一伸出单向电控阀2
28	驱动推料二伸出单向电控阀1
29	驱动推料二伸出单向电控阀2
30	驱动推料三伸出单向电控阀1
31	驱动推料三伸出单向电控阀2
32	驱动推料三伸出单向电控阀2
33	物料检测光电传感器正
34	物料检测光电传感器负
35	物料检测光电传感器负
36	物料检测光电传感器输出

端子号	功能说明
37	手臂旋转左限位接近传感器正
38	手臂旋转左限位接近传感器负
39	手臂旋转左限位接近传感器输出
40	手臂旋转右限位接近传感器正
41	手臂旋转右限位接近传感器负
42	手臂旋转右限位接近传感器输出
43	手臂气缸伸出限位接近传感器正
44	手臂气缸伸出限位接近传感器负
45	手臂气缸缩回限位接近传感器正
46	手臂气缸缩回限位接近传感器负
47	手爪提升气缸上限位磁性传感器正
48	手爪提升气缸上限位磁性传感器负
49	手爪提升气缸下限位磁性传感器正
50	手爪提升气缸下限位磁性传感器负
51	手爪提升气缸磁性传感器正
52	手爪提升气缸磁性传感器负
53	推料一气缸伸出磁性传感器正
54	推料一气缸伸出磁性传感器负
55	推料一气缸缩回磁性传感器正
56	推料一气缸缩回磁性传感器负
57	推料二气缸缩回磁性传感器正
58	推料二气缸缩回磁性传感器负
59	推料三气缸缩出磁性传感器正
60	推料三气缸缩出磁性传感器负
61	推料三气缸缩回磁性传感器正
62	推料三气缸缩回磁性传感器负
63	推料三气缸缩回磁性传感器正
64	推料三气缸缩回磁性传感器负
65	光电传感器输出负
66	光电传感器正
67	电感式接近传感器输出负
68	电感式接近传感器正
69	电感式接近传感器输出负
70	电感式接近传感器正
71	光纤传感器一正
72	光纤传感器一负
73	光纤传感器一输出
74	光纤传感器二正
75	光纤传感器二负
76	光纤传感器二输出
77	
78	
79	
80	电机PE
81	U
82	V
83	W
84	

图5-9 端子接线布置图

任务实施步骤如下：

（1）接通电源后，使用安全导线在按钮模块上的24V电源引出两根线，先在指示灯上试验一下24V电压是否正常，如电压正常则可进入下一步。

（2）从端子10：驱动手爪夹紧双向电控阀1、端子11：驱动手爪松开双向电控阀2开始通入24V直流电，观察机械手的动作，直到端子24：驱动手臂右转双向电控阀1和端子25：驱动手臂右转双向电控阀2结束，每个电控阀都通电测试，观察有无故障、动作是否正常。

（3）熟悉每对接线端子对应的动作后，先让机械手回到上限位、左限位、缩回的位置，手爪处于松开的状态，然后依次给每个电磁阀接入24V电压，让机械手按伸出、下降、手爪夹紧、上升、缩回、右转、伸出、下降、手爪松开、上升、缩回、左转的顺序完成一个周期的动作。

任务4　使用定时器控制机械手

学习目标

学习使用步进指令和定时器控制机械手的方法。

任务内容

使用步进指令，配合状态继电器S和定时器T，编写出自动运行的机械手梯形图程序。

任务实施

前两个任务实现的都是手动控制机械手动作，那么如何实现机械手的自动运行呢？我们可以发现使用步进指令可以轻松地实现机械手的上述动作，只要按顺序写下机械手的状态转移图，编写相应的梯形图程序几乎可以说不费任何脑筋。

假设机械手处于初始位置，启动后，机械手同样经过伸出、下降、手爪夹紧、上升、缩回、右转、伸出、下降、手爪松开、上升、缩回、左转的动作后回到初始位置，执行把工件从转盘放至输送带的动作，编程步骤如下：

一、列出I/O分配表

先不接位置检测磁性开关，设定机械手完成单个动作的时间为1.5s，设置一个启动按钮，按下启动按钮后机械手才开始动作，机械手完成一周的动作回到原点后停止，若再次按下启动按钮则机械手重新动作；电磁换向阀共有八个，在端子排上按从左向右的顺序，输出端子依次安排为Y0、Y1、Y2……Y7，即I/O

分配表如表 5 - 3 所示。

表 5 - 3　I/O 分配表

输入端子		输出端子	
X1	启动按钮	Y0	手爪夹紧电磁阀
		Y1	手爪松开电磁阀
		Y2	手臂上升电磁阀
		Y3	手臂下降电磁阀
		Y4	手臂伸出电磁阀
		Y5	手臂缩回电磁阀
		Y6	手臂左转电磁阀
		Y7	手臂右转电磁阀

二、画出 I/O 接线图

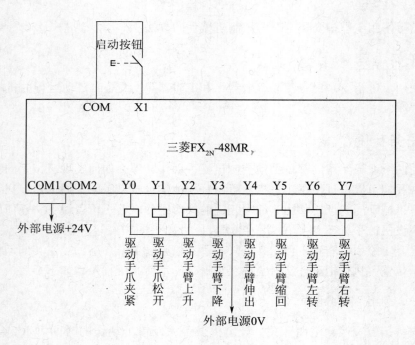

图 5 - 10　I/O 接线图

三、状态转移图

状态转移图如图 5－11 所示，注意图中的定时器设定值都为 K15。

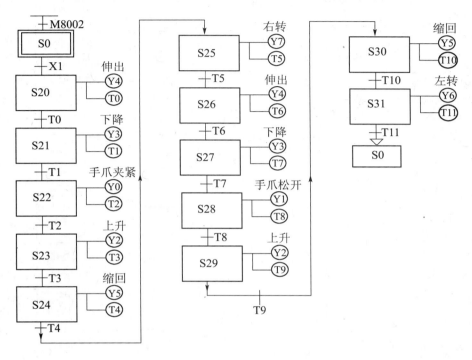

图 5－11 状态转移图

状态转移图中每两个状态之间的定时器 T 即为状态转移条件，定时时间一到即转移。

四、梯形图

把图 5－11 的状态转移图转化为对应的梯形图，如图 5－12 所示。

五、把梯形图程序写入 PLC 运行

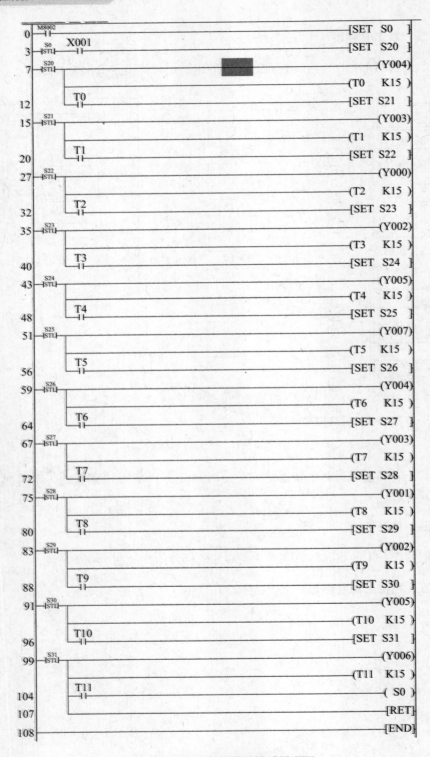

图 5 - 12 定时器控制机械手梯形图

任务 5　使用磁性开关改善机械手控制效果

学习目标

使用磁性开关改善机械手控制效果。

任务内容

使用磁感应接近开关作为机械手动作的反馈信号，把程序变为开环控制，改善机械手的动作速率和准确性。

任务实施

在任务 2 的程序中，机械手的每个动作都由时间继电器控制，每步动作时间固定，机械手完成一周的动作时间也固定，但是 YL-235 的机械手是由气缸驱动的，气缸的动作时间由活塞行程和节流阀决定，实际应用中可能会出现上一个动作执行过程中，气缸动作还没到位，但是此状态的时间已到，这样上一个动作还没完成就执行下一个动作，会导致机械手的功能不能实现，严重的甚至会损坏机械手的机械装置。另外，如果气缸动作较快，也可能造成气缸动作已到位但此状态的定时时间还没到，这就造成了时间的浪费，效率降低。

因此合理的控制方式应该是每个动作一结束就紧接下一个动作，这样每个动作都能完成，时间也紧凑。

YL-235 上每个气缸都配有磁感应接近开关，磁感应接近开关的基本工作原理是：当磁性物质接近传感器时，传感器便会动作，并输出传感器信号。若在气缸的活塞（或活塞杆）上安装上磁性物质，在气缸缸筒外面的两端位置各安装一个磁感应式接近开关，就可以用这两个传感器分别标识气缸运动的两个极限位置。当气缸的活塞杆运动到哪一端时，哪一端的磁感应式接近开关就动作并发出电信号。在 PLC 的自动控制中，可以利用该信号判断推料及顶料缸的运动状态或所处的位置，以确定工件是否被推出或气缸是否返回。在传感器上设置有 LED 显示用于显示传感器的信号状态，供调试时使用。传感器动作时，输出信号"1"，LED 灯亮；传感器不动作时，输出信号"0"，LED 灯不亮。传感器（也叫作磁性开关）的安装位置可以调整，调整方法是松开磁性开关的紧定螺栓，让磁性开关顺着气缸滑动，到达指定位置后，再旋紧紧定螺栓。

磁性开关有蓝色和棕色两根引出线，使用时蓝色引出线应连接到 PLC 输入公共端，棕色引出线应连接到 PLC 输入端子。磁性开关的内部电路如图 5-13

虚线框内所示，为了防止实训时错误接线损坏磁性开关，所有磁性开关的棕色引出线都串联了电阻和二极管支路。因此，使用时若引出线极性接反，该磁性开关不能正常工作。

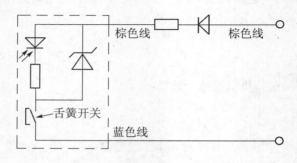

图5-13　磁性开关内部电路

为了实现这样的控制，就应该在气缸两端加装磁性开关配合工作，气缸的活塞运行到磁性开关的位置时，磁性开关接通并把信号传给PLC，说明动作完成。

YL-235上的机械手共配有上限、下限、伸出位置、缩回位置、手爪夹紧五个磁感应接近开关，这些磁性开关的接线端子如31页"端子接线图"所示，每个磁性开关共有两根引出线，其中蓝色线应接PLC输入端的COM端，棕色线接X输入端。气缸的活塞运行到磁性开关的位置时，磁性开关接通，我们把这个信号反馈回PLC，说明动作完成，这样程序就能实现闭环控制，使动作准确性和动作速率都可以提高。

机械手的左转限位和右转限位则由两个接近开关检测，这两个接近开关其实是电感式传感器，电感式传感器用于检测金属材料，检测距离为3～5mm。电感式接近传感器由高频振荡、检波、放大、触发及输出电路等组成。振荡器在传感器检测面产生一个交变电磁场，当金属物料接近传感器检测面时，金属中产生的涡流吸收了振荡器的能量。使振荡减弱以至停滞。振荡器的振荡及停振这两种状态，转换为电信号通过整形放大器转换成二进制的开关信号，经功率放大后输出。

这两个电感传感器有三根引出线，其中蓝色线仍然接PLC输入端的COM端，棕色线则接输入端的+24V电源，黑色线接相应的X输入端。在接线的时候应特别注意接线正确，否则就极有可能造成传感器的损坏。

任务实施步骤如下：

一、列出I/O分配表

增加了磁感应接近开关和电感传感器这些反馈信号后的I/O分配表如表5-4所示。

表 5 - 4　I/O 分配表

输入端子		输出端子	
X1	启动按钮	Y0	手爪夹紧电磁阀
X2	伸出限位	Y1	手爪松开电磁阀
X3	下限位	Y2	手臂上升电磁阀
X4	手爪夹紧	Y3	手臂下降电磁阀
X5	上限位	Y4	手臂伸出电磁阀
X6	缩回限位	Y5	手臂缩回电磁阀
X7	右限位	Y6	手臂左转电磁阀
X10	左限位	Y7	手臂右转电磁阀

机械手启动后，先执行"伸出"动作，待"伸出到位"磁性开关接通后转为执行"下降"动作，"下限位"接通后再转为执行"夹紧"动作……即上一任务中的状态转移图的转移条件不再是定时器的常开触点接通，而是变为每个动作完成后的磁性开关接通，状态转移图和梯形图反而更简单，只是接线比上一个任务复杂。

注意：由于 YL - 235 实验装置中没有手爪夹紧磁性开关，因此在执行手爪夹紧动作时仍然由定时器进行状态转移。

二、画出 I/O 接线图

按 I/O 分配表画出 I/O 接线图如图 5 - 14 所示。

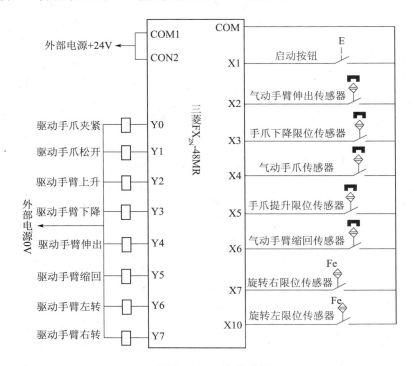

图 5 - 14　I/O 接线图

三、状态转移图

状态转移图如图 5 – 15 所示。

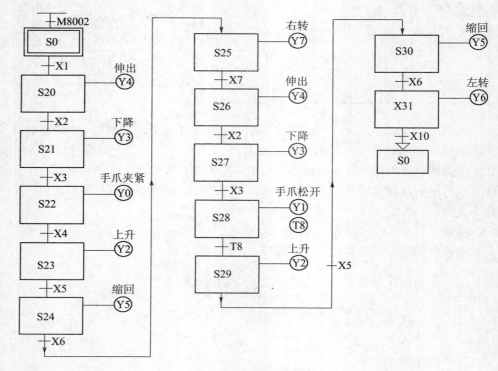

图 5 – 15 状态转移图

四、梯形图

相应梯形图程序如图 5 – 16 所示。

```
      H8002
 0   ─┤├───────────────────────────[SET  S0]

 3   ┤S0   X001
     │STL├──┤├───────────────────[SET  S20]

 7   ┤S20
     │STL├─────────────────────────(Y004)

 9              X002
           ─────┤├───────────────[SET  S21]

12   ┤S21
     │STL├─────────────────────────(Y003)

14              X003
           ─────┤├───────────────[SET  S22]

17   ┤S22
     │STL├─────────────────────────(Y000)

19              X004
           ─────┤├───────────────[SET  S23]
```

(a)

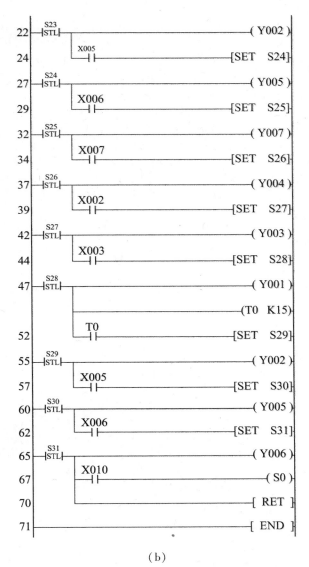

（b）

图 5-16　使用磁性开关实现闭环控制机械手梯形图

五、把梯形图程序写入 PLC 并运行

任务6 YL-235A光机电一体化设备实现自动分拣

学习目标

掌握YL-235A机械手的动作顺序。

任务内容

手动按压电磁换向阀的测试键，使机械手完成伸出、下降、手爪夹紧、上升、缩回、右转、伸出、下降、手爪松开、上升、缩回、左转的整个动作周期。

任务实施

YL-235A配有一个机械手，另外还有一条输送带，输送带上有四个传感器，分别为落料口光电传感器（1个）、电感式金属传感器（1个）、光纤传感器（2个），如图5-17所示。

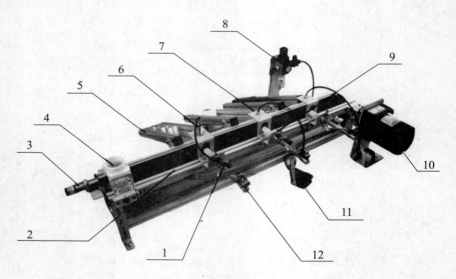

图5-17 输送带结构图

1——磁性开关D-C73；2——传送分拣机构；3——落料口传感器；4——落料口；5——料槽；
6——电感式传感器；7——光纤传感器；8——过滤调压阀；9——节流阀；
10——三相异步电机；11——光纤放大器；12——推料气缸

控制要求：机械手把送料盘上的物料夹持后从落料口送入输送带，落料口有物料时输送带向右运行输送物料，然后金属物料被电感式传感器感应后输送带停止，通过推杆一把金属物料推入料槽一，白色物料被推杆二处的光纤传感器感应后经推杆二推动送入料槽二，黑色物料被推杆三处的光纤传感器感应后经推杆三推入料槽三。

编程前应安排好 I/O 分配，并调整两个光纤传感器的灵敏度，让推杆二处的光纤传感器能感应白色物料而不能感应黑色物料，推杆三处的光纤传感器则能感应所有物料。另外输送带是由一个三相交流电动机通过机械减速装置驱动的，而三相电机又由一台三菱 E540 变频器驱动，在进入本任务学习内容之前，练习者应学习变频器的使用，熟练掌握变频器的接线和参数调整方法。为了能通过 PLC 的 Y 触点控制变频器，变频器的工作模式必须设为外部（EXT）模式，变频器的加速时间和减速时间也要作相应调整，可简单地把加速时间和减速时间都设为 0。

其中机械手部分的 I/O 分配和梯形图可参考前述内容，输送带部分的 I/O 分配可参考表 5-5。

表 5-5　I/O 分配表

I/O 端子	功能说明	I/O 端子	功能说明
X11	落料口传感器	X12	金属传感器
X13	白色物料传感器	X14	黑色物料传感器
X15	推杆一伸出位置	X16	推杆一缩回位置
X17	推杆二伸出位置	X20	推杆二缩回位置
X21	推杆三伸出位置	X22	推杆三缩回位置
Y10	推杆一电控阀	Y11	推杆二电控阀
Y12	推杆三电控阀	Y20	输送带正转

在编写推杆驱动时，尤其是当光纤传感器灵敏度较高时，如果程序编写不当，相应的推杆可能会出现类似机关枪般的反复推动现象。

输送带部分参考梯形图如图 5-18 所示。

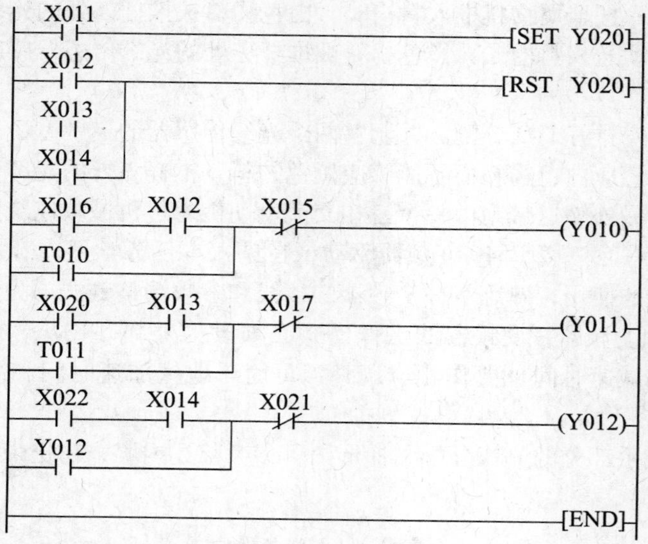

图 5 – 18　输送带部分梯形图

6　功能指令简介

现代工业控制通常需要大量的数据处理，为此，各 PLC 厂家在基本指令和步进指令之外又开发出了面对各种应用的功能指令，也叫应用指令，FX_{2N} 系列小型 PLC 就有较完善的功能指令，包含程序流程、传送比较、四则逻辑运算、浮点运算……共 200 多条指令，限于篇幅，本书只通过实例简单介绍部分功能指令，有兴趣的同学可参考《三菱 FX 编程手册》中"应用指令"的内容自行学习。

任务 1　停车场控制

学习目标

学习递增指令 INC 和递减指令 DEC。

任务内容

设有一个停车场共有 20 个停车位，停车场有红、绿两盏指示灯，进口处有一个进车传感器，出口处有一个出车传感器，当停车场内有空车位时绿灯亮，停满 20 辆车时红灯亮，请编写梯形图控制程序。

任务实施

这种控制既可用双向计数器实现，也可用功能指令中的"INC 递增指令"和"DEC 递减指令"实现，使用第二种方法编程更为简单方便。

为使用递增指令和递减指令，应该使用 FX_{2N} 系列 PLC 内部软元件的数据寄存器，数据寄存器用 D 做符号，没有停电保持功能的普通数据寄存器编号为 D0～D199，每个数据寄存器为 16 位二进制数据，最高位是符号位，所以每单个数据寄存器的取值范围是 -32 768～+32 767。

INC 为递增加一指令，语法为"INC D0"，当然 INC 指令可操作的不仅仅是数据寄存器 D，也可以是其他元件。

依此类推，DEC 为递减减一指令，语法为"DEC D0"。

当停满 20 辆车时，为了使红灯亮，可使用"触点比较指令"，这类指令用法简单易理解，例如"LD > = D0 K20"。

设 I/O 分配为：

X20：进车传感器；X21：出车传感器。

Y0：红灯；Y2：绿灯。

停车场控制参考梯形图如图 6-1 所示。

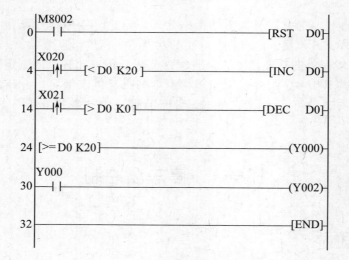

图 6-1　停车场控制梯形图

图 6-1 在对 D0 进行加一和减一操作时，为了安全防止误操作，还串联了触点比较指令，语法为"AND < D0　K20"和"AND > D0　K0"。

此外，进车感应的 X20 也可以不使用上升沿指令，而是用普通的常开触点，但这时后面的 INC D0 指令必须改为脉冲指令 INCP D0。

任务 2　自动售货机

学习目标

学习加法指令 ADD 和减法指令 SUB。

任务内容

设有一个自动售货机，出售三种商品，分别为矿泉水、可乐和啤酒，价格分别为 2 元、3 元和 5 元，每种商品各有一个选择按钮和一个指示灯，设有 1 元、2 元、5 元共三个投币口。

要求：

（1）当投币总额≥2元时，矿泉水指示灯亮，同时矿泉水选择按钮有效。

（2）投币总额≥3元时，可乐指示灯亮，同时可乐选择按钮有效。

（3）投币总额≥5元时，啤酒指示灯亮，同时啤酒选择按钮有效。

（4）按下相应的选择按钮时，投币总额减去对应商品价格，同时相应的商品出货阀门接通3s。

（5）假如购货后投币数还有余，可按"退币"按钮退回余额，退币全为一元硬币。

任务实施

为实现控制要求，应在每个投币口处设置投币传感器，每种商品各设置出货阀门、指示灯各一个，另外还有退币阀门一个，退币阀门每接通半秒退一元硬币一个，这样I/O分配可如表6-1所示。

表6-1 I/O分配表

I/O端子	功能说明	I/O端子	功能说明
X0	1元投币感应	X1	2元投币感应
X2	5元投币感应	X4	矿泉水按钮
X5	可乐按钮	X6	啤酒按钮
X7	退币按钮		
Y0	矿泉水指示灯	Y1	矿泉水出货阀门
Y2	可乐指示灯	Y3	可乐出货阀门
Y4	啤酒指示灯	Y5	啤酒出货阀门
Y6	1元退币阀门		

为了实现加1、加3、加5等操作，应使用加法指令ADD，ADD指令的用法是"ADD S1 S2 D"，其中"S1"是源操作数一，"S2"是源操作数二，"D"为目标操作数，实现的操作是把"S1"和"S2"的数加起来放到"D"中。

例如本任务的自动售货机控制，可设置一个存放投币总额的数据寄存器D0，当2元投币口感应到一个投币时，可执行图6-2程序。

图6-2 投币累计梯形图

当 X0 常开触点接通的瞬间，把 D0 原来的数加 2 后再放回 D0 中。

为了实现减法操作，应使用减法指令 SUB，SUB 的用法是"SUB S1 S2 D"，其中"S1"为被减数，"S2"为减数，"D"为目标操作法，执行的操作是把"S1"的数减去"S2"的数后放到"D"中。

例如本任务中，设矿泉水按钮有效，当按下矿泉水按钮时，投币总额应减去 2，可按图 6-3 编程。

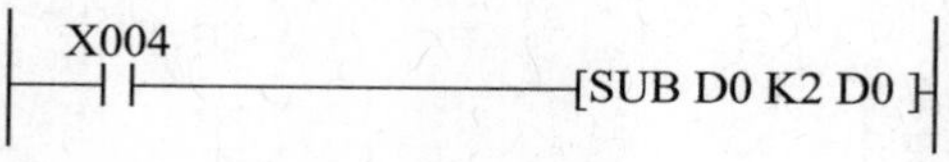

```
   X004
────┤├────────────────────────[SUB D0 K2 D0]┤
```

图 6-3　减法指令

本任务的完整程序通过加法指令、减法指令和触点比较指令等功能再结合基本指令即可完成，请读者自行编写。

任务 3　使用传送指令编写彩灯控制程序

学习目标

学习传送指令 MOV。

任务内容

控制要求：设有四盏彩灯，颜色分别为红、蓝、黄、绿，要求控制开关闭合后，从红灯开始，各灯依次亮 0.7s 后灭，一直循环，时序图如图 6-4 所示。

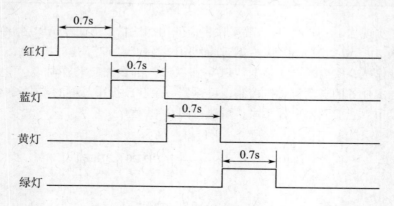

图 6-4　彩灯控制时序图

任务实施

使用功能指令可以大大简化编程，本任务要求用传送指令重新编写彩灯控制程序，通过本次任务的学习，应掌握传送指令的使用方法及位数据元件的组合规律。

传送指令是 PLC 程序中应用较为广泛的一种功能指令，指令形式与汇编语言很相似，可以用于传送位数据、字数据等等，指令助记符为 MOV。

位组合元件常用输入继电器 X、输出继电器 Y、辅助继电器 M 及状态继电器 S 组成。以输出继电器 Y 的组合为例，例如 K1Y0 指以 Y0 起始的一组数据，一组为四位组成，即 Y0、Y1、Y2、Y3 四个位元件组合；若是 K2Y0 则指从 Y0 开始的两组数据，共八位，即 Y0、Y1、Y2……Y7；若为 K1Y3 则指从 Y3 开始的一组数据，即由 Y3、Y4、Y5、Y6 组成。

若希望能自如地使用这些位元件数据，要求读者对十进制数和二进制数之间的转换比较熟练，例如图 6 - 5 所示程序。

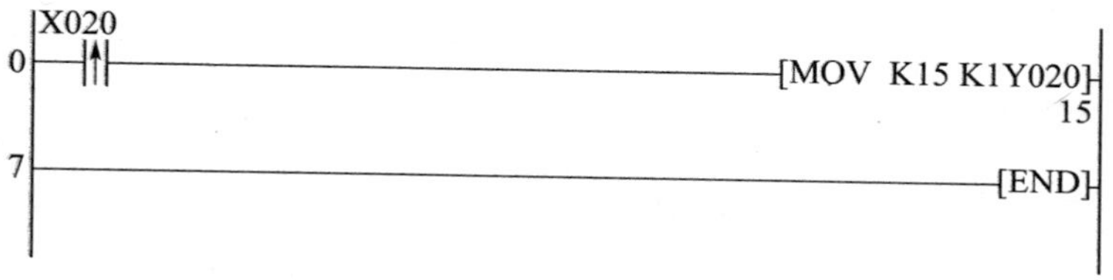

```
   X020
0 ─┤↑├─                              ─[MOV K15 K1Y020]
                                                   15
7 ─────────────────────────────────────────[END]
```

图 6 - 5 传送指令

则 X20 上升沿接通后，由 Y20 至 Y23 组成的四位一组输出全都导通，即十进制数 K15 对应的二进制数为 1111，四个全通。

本任务为四盏灯依次亮，对应的十进制数分别为 K1、K2、K4、K8，I/O 分配如表 6 - 2 所示。

表 6 - 2 I/O 分配表

输入	功能	输出	功能
X24	控制开关	Y20	红灯
		Y21	蓝灯
		Y22	黄灯
		Y23	绿灯

参考梯形图程序如图 6 - 6 所示。

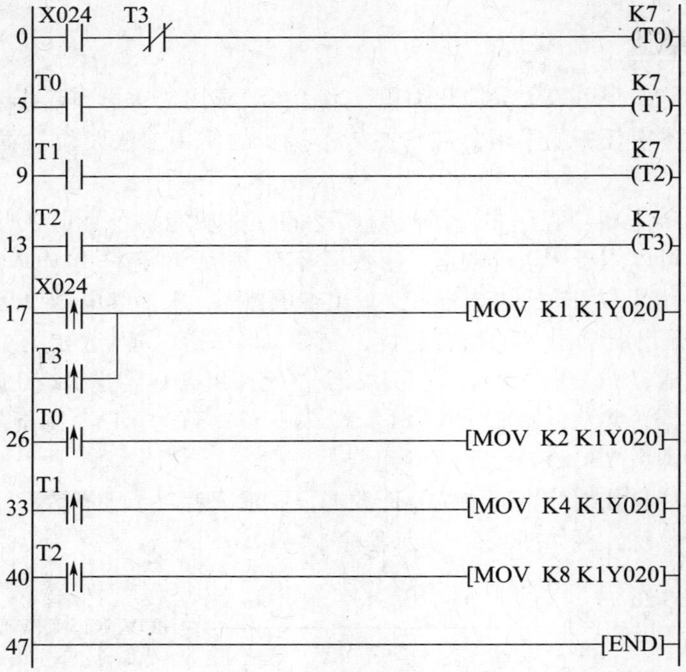

```
        X024    T3                                          K7
  0     ┤├──────┤/├─────────────────────────────────────(T0)

        T0                                                  K7
  5     ┤├──────────────────────────────────────────────(T1)

        T1                                                  K7
  9     ┤├──────────────────────────────────────────────(T2)

        T2                                                  K7
 13     ┤├──────────────────────────────────────────────(T3)

        X024
 17     ┤↑├──────┬─────────────────────────[MOV K1 K1Y020]
        T3       │
        ┤↑├──────┘

        T0
 26     ┤↑├───────────────────────────────[MOV  K2 K1Y020]

        T1
 33     ┤↑├───────────────────────────────[MOV  K4 K1Y020]

        T2
 40     ┤↑├───────────────────────────────[MOV  K8 K1Y020]

 47                                                     [END]
```

图 6 - 6　使用传送指令编写的彩灯控制程序

练习：用传送指令编写三相交流电动机星形 - 三角形降压起动控制程序。

任务 4　异地多按钮控制

学习目标

学习通过语句标号调用子程序和主程序结束指令 FEND。

任务内容

控制要求：设有一盏灯，由分布在不同地方的四个按钮控制，要求任意一个按钮按下后都能改变灯的状态。

任务实施

可以使用子程序和取反指令实现这种控制，子程序的功能就是把 Y0 取反后再控制 Y0 自身，当按下按钮后，获取按钮上升沿脉冲，然后呼叫子程序。

I/O 分配表如表 6 - 3 所示。

表6-3 I/O分配表

输入	功能	输出	功能
X20	按钮1	Y0	灯
X21	按钮2		
X22	按钮3		
X23	按钮4		

参考梯形图程序如图6-7所示。

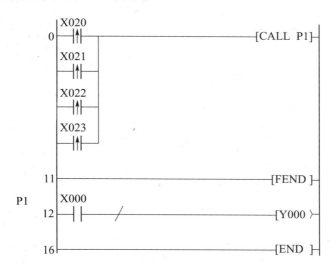

图6-7 使用子程序的多按钮控制梯形图

其中FEND为子程序结束指令，P1为子程序标号，END为全部程序结束指令。

附录 I　FX$_{2N}$ 常用特殊辅助继电器

地址号·名称	动作·功能	适用机型			
		FX$_{1S}$	FX$_{1N}$	FX$_{2N}$	FX$_{2NC}$
[M] 8000 运行监控 a 接点	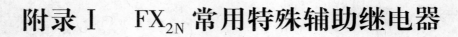RUN 输入	○	○	○	○
[M] 8001 运行监控 b 接点	M8061 错误发生 M8000	○	○	○	○
[M] 8002 初始脉冲 a 接点	M8001 M8002	○	○	○	○
[M] 8003 初始脉冲 b 接点	M8003 扫描时间	○	○	○	○
[M] 8004 错误发生	当 M8060 ～ M8067 中任意一个处于 ON 时动作（M8062 除外）	○	○	○	○
[M] 8005 电池电压过低	当电池电压异常过低时动作	—	—	○	○
[M] 8006 电池电压过低锁存	当电池电压异常过低后锁存状态	—	—	○	○
[M] 8007 瞬停检测	即使 M8007 动作，若在 D8008 时间范围内则 PC 继续运行	—	—	○	○
[M] 8008 停电检测中	当 M8008ON → OFF 时，M8000 变为 OFF	—	—	○	○
[M] 8009 DC24V 失电	当扩展单元，扩展模块出现 DC24V 失电时动作	—	—	○	○

续表

地址号·名称	动作·功能	适用机型			
		FX$_{1S}$	FX$_{1N}$	FX$_{2N}$	FX$_{2NC}$
[M] 8010					
[M] 8011 10ms 时钟	以 10ms 的频率周期振荡	○	○	○	○
[M] 8012 100ms 时钟	以 100ms 的频率周期振荡	○	○	○	○
[M] 8013 1s 时钟	以 1s 的频率周期振荡	○	○	○	○
[M] 8014 1min 时钟	以 1min 的频率周期振荡	○	○	○	○
[M] 8015	时钟停止和预置 实时时钟用	○	○	○	○
[M] 8016	时间读取显示停止 实时时钟用	○	○	○	○
[M] 8017	±30s 修正 实时时钟用	○	○	○	○
[M] 8018	安装检测 实时时钟用	○（常时 ON）			
[M] 8019	实时时钟（RTC）出错 实时时钟用	○	○	○	○
[M] 8020 零	加减运算结果为 0 时	○	○	○	○
[M] 8021 借位	减法运算结果小于负的最大值时	○	○	○	○
[M] 8022 进位	加法运算结果发生进位时，换位结果溢出发生时	○	○	○	○
[M] 8023					
[M] 8024	BMOV 方向指定（FNC15）	—	—	○	○
[M] 8025	HSC 模式（FNC53～55）	—	—	○	○

续表

地址号·名称	动作·功能	适用机型			
		FX_{1S}	FX_{1N}	FX_{2N}	FX_{2NC}
［M］8026	RAMP 模式（FNC67）	—	—	○	○
［M］8027	PR 模式（FNC77）	—	—	○	○
［M］8028（FX_{1S}）	100ms/10ms 定时器切换	○	—	—	—
［M］8028（FX_{2N}，FX_{2NC}）	在执行 FROM/TO（FNC 78，79）指令过程中中断允许	—	—	○	○
［M］8029 指令执行完成	当 DSW（FNC 72）等操作完成时动作	○	○	○	○
M8030①电池 LED 熄灯指令	驱动 M8030 后，即使电池电压过低，PC 面板指示灯电不会亮灯	—	—	○	○
M8031①非保持存储器全部清除	驱动此 M 时，可以将 Y，M，S，T，C 的 ON/OFF 影像存储器和 T，C，D 的当前值全部清零。特殊寄存器和文件寄存器不清除	○	○	○	○
M8032①保持存储器全部清除		○	○	○	○
M8033 存储器保持停止	当可编程控制器 RUN→STOP 时，将影像存储器和数据存储器中的内容保留下来	○	○	○	○
M8034① 所有输出禁止	将 PC 的将部输出接点全部置于 OFF 状态	○	○	○	○
M8035②强制运行模式		○	○	○	○
M8036②强制运行指令	详细情况请参阅 7－2 项	○	○	○	○
M8037②强制停止指令		○	○	○	○
M8038②	通信参数设定标志（简易 PC 间链接设定用）	○	○	○	○

地址号·名称	动作·功能	适用机型			
		FX_{1S}	FX_{1N}	FX_{2N}	FX_{2NC}
M8039 恒定扫描模式	当 M8039 变为 ON 时，PC 直至 D8039 指定的扫描时间到达后才执行循环运算	○	○	○	○
M8040 转移禁止	M8040 驱动时禁止状态之间的转移	○	○	○	○
M8041② 转移开始	自动运行时能够进行初始状态开始的转移	○	○	○	○
M8042 起动脉冲	对应起输入的脉冲输出	○	○	○	○
M8043② 回归完成	在原点回归模式的结束状态时动作	○	○	○	○
M8044② 原点条件	检测出机械原点时动作	○	○	○	○
M8045 所有输出复位禁止	在模式切换时，所有输出复位禁止	○	○	○	○
[M] 8046① STL 状态动作	M8047 动作中时，当 S0 ～ S899 中有任何元件变为 ON 时动作	○	○	○	○
[M] 8047① STL 监控有效	驱动此 M 时，D8040 ～ D8047 有效	○	○	○	○
[M] 8048① 信号报警器动作	M8049 动作中时，当 S900 ～ S999 中有任何元件变为 ON 时动作	—	—	○	○
[M] 8049① 信号报警器有效	驱动此 M 时，D8049 的动作有效	—	—	○	○

①在执行 END 指令时处理
②RUN→STOP 时清除

附录Ⅱ　变频器 FR – E700 模块

一、调速设备的应用

1. 工业场合：电力、建材、冶金等等行业。
2. 公用工程：中央空调、供水、市政、电梯等等。
3. 家用：变频空调、变频电冰箱、变频洗衣机等等。

调速设备可分为直流调速设备和交流调速设备。

直流调速设备的优点是启动、制动性能好，调速方便（可实现平滑无级调速）；缺点是电刷产生的干扰大，单机容量、最高电压、最大转速受限，维护、维修复杂。

二、变频器原理

三相交流电动机转速公式

$$n = 60f/p\ (1 - S)$$

电机的转速与定子绕组极数成反比，与电源频率成正比。

双速电机及三速电机通过改变电机定子绕组的极数改变电机转速，但使用不便，调整范围有限。

变频器由整流器、中间电路（滤波电路、动力制动电路）、逆变器组成。变频器调整是通过改变电源的频率和电压而调整电机的转速，使用方便，调整项目多，甚至可实现无级调速。

三、三菱变频器的结构及型号

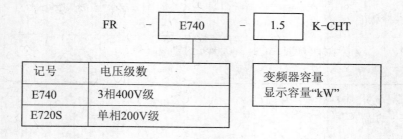

记号	电压级数
E740	3相400V级
E720S	单相200V级

变频器容量
显示容量"kW"

附图Ⅱ – 1　三菱变频器型号

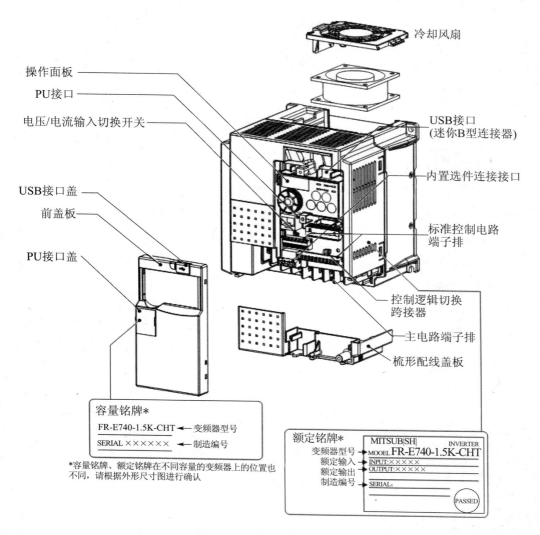

冷却风扇

操作面板

PU接口

电压/电流输入切换开关

USB接口
(迷你B型连接器)

内置选件连接接口

USB接口盖

前盖板

标准控制电路
端子排

PU接口盖

控制逻辑切换
跨接器

主电路端子排

梳形配线盖板

容量铭牌*

FR-E740-1.5K-CHT ← 变频器型号

SERIAL ×××××× ← 制造编号

*容量铭牌、额定铭牌在不同容量的变频器上的位置也
不同，请根据外形尺寸图进行确认

额定铭牌*

MITSUBISH		INVERTER
变频器型号 →	MOOEL	FR-E740-1.5K-CHT
额定输入 →	INPUT:××××	
额定输出 →	OUTPUT:××××	
制造编号 →	SERIAL:	
		PASSED

附图Ⅱ-2 三菱变频器结构

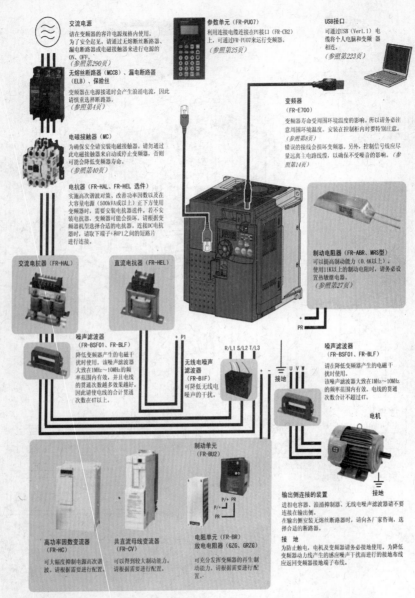

交流电源
请在变频器的容许电源规格内使用。为了安全起见，请通过无熔丝断路器、漏电断路器或电磁接触器来进行电源的 ON、OFF。（参照第290页）

无熔丝断路器（MCCB）、漏电断路器（ELB）、保险丝
变频器在电源接通时会产生浪涌电流，因此请慎重选择断路器。（参照第4页）

电磁接触器（MC）
为确保安全请安装电磁接触器，请勿通过此电磁接触器来启动或停止变频器，否则可能会降低变频器寿命。（参照第40页）

电抗器（FR-HAL、FR-HEL 选件）
实施高次谐波对策、改善功率因数以及在大容量电源（500kVA以上）正下方使用变频器时，需要安装电抗器选件。若不安装电抗器，变频器可能会损坏。请根据变频器机型选择合适的电抗器。连接DC电抗器时，请取下端子+和P1之间的短路片进行连接。

交流电抗器（FR-HAL）

直流电抗器（FR-HEL）

噪声滤波器（FR-BSF01、FR-BLF）
降低变频器产生的电磁干扰时使用。该噪声滤波器大致在1MHz～10MHz的频率范围内有效，而且电线的贯通次数越多效果越好。因此请使电线的合计贯通次数在4T以上。

无线电噪声滤波器（FR-BIF）
可降低无线电噪声的干扰。

高功率因数整流器（FR-HC）
可大幅度抑制电源高次谐波。请根据需要进行配置。

共直流母线变流器（FR-CV）
可以得到较大制动能力。请根据需要进行配置。

制动单元（FR-BU2）

电阻单元（FR-BR）放电电阻器（GZG、GRZG）
可充分发挥变频器的再生制动能力。请根据需要进行配置。

参数单元（FR-PU07）
利用连接电缆连接在PU接口（FR-CR2）上，可通过FR-PU07来运行变频器。（参照第25页）

USB接口
可通过USB（Ver1.1）电缆将个人电脑和变频器相连。（参照第223页）

变频器（FR-E700）
变频器寿命受周围环境温度的影响。所以请务必注意周围环境温度。安装在控制柜内时要特别注意。（参照第8页）
错误的接线会损坏变频器。另外，控制信号线应尽量远离主电路线缆，以确保不受噪声的影响。（参照第14页）

制动电阻器（FR-ABR、MRS型）
可以提高制动能力（0.4K以上），使用11K以上的制动电阻时，请务必设置热敏继电器。（参照第27页）

噪声滤波器（FR-BSF01、FR-BLF）
请在降低变频器产生的电磁干扰时使用。该噪声滤波器大致在1MHz～10MHz的频率范围内有效。电线的贯通次数合计不超过4T。

电机

输出侧连接的装置
进相电容器、浪涌抑制器、无线电噪声滤波器请不要连接在输出侧。在输出侧安装无熔丝断路器时，请向各厂家咨询，选择合适的断路器。

接地
为防止触电，电机及变频器必须接地使用。为降低变频器动力线产生的感应噪声干扰而进行的接地布线应返回变频器接地端子布线。

R/L1 S/L2 T/L3 U V W 接地

+ P1 + - 接地

PR

P/+ PR

P/+ PR

注 记

- 在变频器的输出侧请勿安装进相电容器或浪涌吸收器、无线电噪音滤波器等。这将导致变频器跳闸或电容器、浪涌抑制器的损坏。如上述任何一种设备已安装，请立即拆掉。
- 电磁波干扰
  变频器输入／输出（主电路）包含有谐波成分，可能干扰变频器附近的通讯设备（如AM收音机）。这种情况下安装无线电噪音滤波器FR-BIF（输入侧专用）、线噪音滤波器FR-BSF01、FR-BLF等选件，可以将干扰降低。（参照第36页）
- 周边设备的详细情况请参照各选件、周边设备的使用手册。

附图Ⅱ-3　三菱变频器周边设备

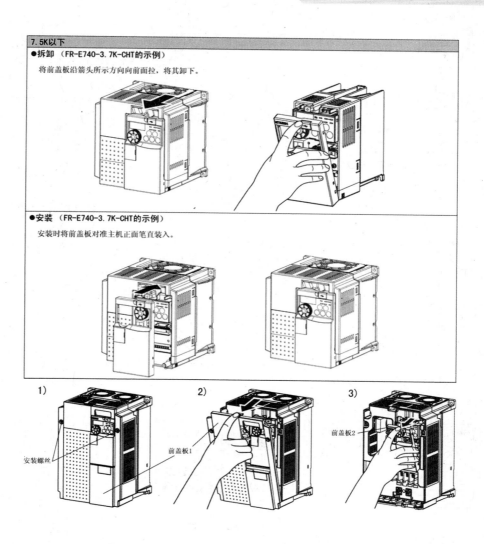

7.5K以下

●拆卸 （FR-E740-3.7K-CHT的示例）

将前盖板沿箭头所示方向向前面拉，将其卸下。

●安装 （FR-E740-3.7K-CHT的示例）

安装时将前盖板对准主机正面笔直装入。

1) 安装螺丝

2) 前盖板1

3) 前盖板2

附图 II -4 盖板的拆卸与安装

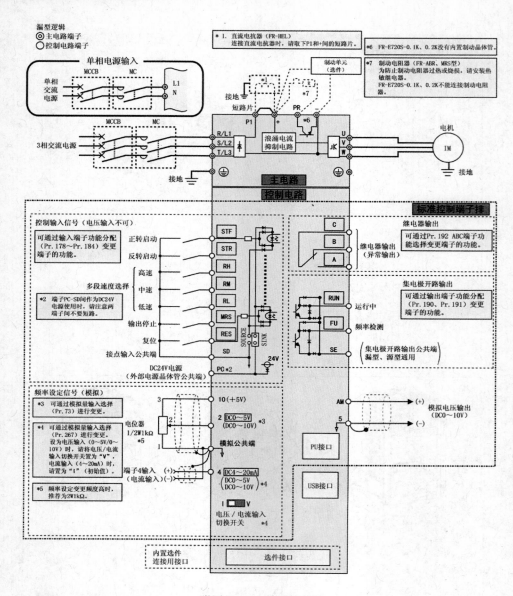

附图Ⅱ-5 端子接线图

请确认客户购置的变器的型号。配套的周边设备必须根据容量来选择。
请参考附表Ⅱ-1，选择配套的周边设备。

附表Ⅱ-1 适用变频器

适用变频器	电机输出(kW)	无熔丝断路器(MCCB)*1或漏电断路器(ELB)*2 电抗器连接		电磁接触器(MC)*3 电抗器连接		电抗器	
		无	有	无	有	FR-HAL	FR-HEL
FR-E740-0.4K-CHT	0.4	30AF 5A	30AF 5A	S-N10	S-N10	H0.4K	H0.4K
FR-E740-0.75K-CHT	0.75	30AF 5A	30AF 5A	S-N10	S-N10	H0.75K	H0.75K
FR-E740-1.5K-CHT	1.5	30AF 10A	30AF 10A	S-N10	S-N10	H1.5K	H1.5K
FR-E740-2.2K-CHT	2.2	30AF 15A	30AF 10A	S-N10	S-N10	H2.2K	H2.2K
FR-E740-3.7K-CHT	3.7	30AF 20A	30AF 15A	S-N10	S-N10	H3.7K	H3.7K
FR-E740-5.5K-CHT	5.5	30AF 30A	30AF 20A	S-N10、S-N21	S-N11、S-N12	H5.5K	H5.5K
FR-E740-7.5K-CHT	7.5	30AF 30A	30AF 30A	S-N20、S-N21	S-N20、S-N21	H7.5K	H7.5K
FR-E740-11K-CHT	11	50AF 50A	50AF 40A	S-N20、S-N21	S-N20、S-N21	H11K	H11K
FR-E740-15K-CHT	15	100AF 60A	50AF 50A	S-N25	S-N20、S-N21	H15K	H15K
FR-E720S-0.1K-CHT	0.1	30AF 5A	30AF 5A	S-N10	S-N10	0.4K×4	0.4K×4
FR-E720S-0.2K-CHT	0.2	30AF 5A	30AF 5A	S-N10	S-N10	0.4K×4	0.4K×4
FR-E720S-0.4K-CHT	0.4	30AF 10A	30AF 10A	S-N10	S-N10	0.75K×4	0.75K×4
FR-E720S-0.75K-CHT	0.75	30AF 15A	30AF 10A	S-N10	S-N10	1.5K×4	1.5K×4
FR-E720S-1.5K-CHT	1.5	30AF 20A	30AF 20A	S-N10	S-N10	2.2K×4	2.2K×4
FR-E720S-2.2K-CHT	2.2	30AF 40A	30AF 30A	S-N10、S-N21	S-N10	3.7K×4	3.7K×4

（表格左侧纵向标注：3相400V、单相200V）

二、操作方法

1. 操作方法的类型

变频器的最大优点就是由可变的控制信号完成变频器的操作。变频器的操作方法（启动、停止、变速）可粗略划分分为外部操作和面板操作，如图Ⅱ-6所示。

2. 操作程序概述

通常外部信号操作规程是：开电源—功能设定—启动—操作—停止—关电源。

（1）功能设定操作

FR-E700系列有功能号设置，功能号在变频器出厂时已经设定好，因此，仅为了启动操作并不需要功能号设置。请根据操作要求设定需要的功能。

附表Ⅱ-2为常用的功能号及对应功能：

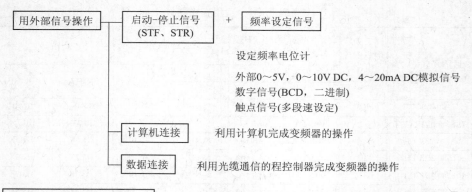

附图Ⅱ-6 变端器操作方法

附表Ⅱ-2 常用功能号及对应功能

功能	参数	名称	设定范围	最小设定单位	初始值	参考页码	用户设定值
基本功能	◎ 0	转矩提升	0%～30%	0.1%	6/43/2%×1	73	
	◎ 1	上限频率	0～120Hz	0.0Hz	120Hz	84	
	◎ 2	下限频率	0～120Hz	0.01Hz	0Hz	84	
	◎ 3	基准频率	0～400Hz	0.01Hz	50Hz	86	
	◎ 4	多段速设定（高速）	0～400Hz	0.01Hz	50Hz	90	
	◎ 5	多段速设定（中速）	0～400Hz	0.01Hz	30Hz	90	
	◎ 6	多段速设定（低速）	0～400Hz	0.01Hz	10Hz	90	
	◎ 7	加速时间	0～3 600/360s	0.1/0.01s	5/10/15s×2	97	
	◎ 8	减速时间	0～3 600/360s	0.1/0.01s	5/10/15s×2	97	
	◎ 9	电子过电流保护	0～500A	0.01A	变频器额定电流	103	
直流制动	10	直流制动作频率	0～120Hz	0.01Hz	3Hz	115	
	11	直流制动作时间	0～10s	0.1s	0.5s	115	
	12	直流制动作电压	0～30%	0.1%	6/4/2%×3	115	
—	13	启动频率	0～60Hz	0.01Hz	0.5Hz	99	
—	14	适用负载选择	0～3	1	0	88	
JOG运行	15	点动频率	0～400Hz	0.01Hz	5Hz	92	
	16	点动加减速时间	0～3600/360s	0.1/0.01s	0.5s	92	
—	17	MRS输入选择	0、2、4	1	0	126	
—	18	高速上限频率	120～400Hz	0.01Hz	120Hz	84	
—	19	基准频率电压	0～1000V、8888、9999	0.1V	9999	86	
加减速时间	20	加减速基准频率	1～400Hz	0.01Hz	50Hz	97	
	21	加减速时间单位	0、1	1	0	97	
选速防止	22	失速防止动作水平	0～200%	0.1%	150%	80	
	23	倍速时失速防止动作水平补偿系数	0～200%、9999	0.1%	9999	80	
多段速度设定	24	多段速设定（4速）	0～400Hz、9999	0.01Hz	9999	90	
	25	多段速设定（5速）	0～400Hz、9999	0.01Hz	9999	90	
	26	多段速设定（6速）	0～400Hz、9999	0.01Hz	9999	90	
	27	多段速设定（7速）	0～400Hz、9999	0.01Hz	9999	90	

续表

功能	参数	名 称	设定范围	最小设定单位	初始值	参考页码	用户设定值
—	29	加减速曲线选择	0、1、2	1	0	100	
—	30	再生制动功能选择	0、1、2	1	0	116、146	
频率跳变	31	频率跳变1A	0~400Hz、9999	0.01Hz	9999	85	
	32	频率跳变1B	0~400Hz、9999	0.01Hz	9999	85	
	33	频率跳变2A	0~400Hz、9999	0.01Hz	9999	85	
	34	频率跳变2B	0~400Hz、9999	0.01Hz	9999	85	
	35	频率跳变3A	0~400Hz、9999	0.01Hz	9999	85	
	36	频率跳变3B	0~400Hz、9999	0.01Hz	9999	85	
—	37	转速显示	0、0.01~9998	0.001	0	137	
—	40	RUN键旋转方向选择	0、1	1	0	248	

运行模式显示
PU：PU运行模式时亮灯。
EXT：外部运行模式时亮灯（初始设定状态下，在电源ON时点亮）。
NET：网络运行模式时亮灯。
PU、EXT：在PU/外部组合运行模式1、2时点亮。
操作面板无指令权时，全部熄灭。

单位显示
·Hz：显示频率时亮灯（显示设定频率监视时闪烁）。
·A：显示电流时亮灯。
·显示上述以外的内容时，"Hz""A"齐熄灭。

监视器（4位LED）
显示频率、参数编号等。

M旋钮（三菱变频器的旋钮）
用于变更频率设定，参数的设定值。
按该按钮可显示以下内容：
·监视模式时的设定频率；
·校正时的当前设定值；
·报警历史模式时的顺序。

模式切换
用于切换各设定模式。
和 PU/EXT 同时按下也可以用来切换运行模式。
长按此键2s，可以锁定操作。

各设定的确定
运行中按此键则监视器出现以下显示。

运行频率 → 输出电流 → 输出电压

运行状态显示
变频器动作中亮灯/闪烁 *
*亮灯：正转运行中；
缓慢闪烁（1.4s循环）：反转运行中；
快速闪烁（0.2s循环）：
·按 RUN 键或输入启动指令都无法运行时
·有启动指令、频率指令在启动频率以下时
·输入了MRS信号时。

参数设定模式显示
参数设定模式时亮灯。

监视器显示
监视模式时亮灯。

停止运行
停止运行指令。
保护功能（严重故障）生效时，也可以进行报警复位。

运行模式切换
用于切换PU/EXT模式。
使用EXT模式（通过另接的频率设定电位器和启动信号启动的运行）时请按此键，使表示运行模式的EXT处于亮灯状态（切换至组合模式时，可同时按 MODE（0.5s），或者变更参数(Pr.79)。
也可以解除PU停止。

启动指令
通过Pr.40的设定，可以选择旋转方向。

附图Ⅱ-7 操作面板

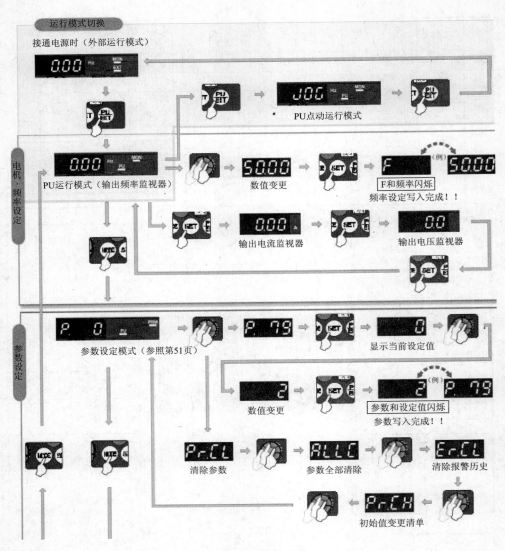

附图Ⅱ-8　基本操作

参 考 文 献

［1］钟肇新，彭侃．可编程控制器原理及应用［M］．广州：华南理工大学出版社，1992.

［2］张鹤鸣，刘耀元．可编程控制器原理及应用教程［M］．北京：北京大学出版社，2007.

［3］纪青松，唐莹．PLC 技术与应用（三菱机型）项目教程［M］．北京：电子工业出版社，2013.